JC総研ブックレット　No.10

農村女性と再生可能エネルギー

榊田 みどり・和泉 真理◇著
岸 康彦 ◇監修

巻頭言　エネルギーの地産地消を目指す女性たち

日本農業経営大学校校長　岸　康彦

２０１４年9月下旬、九州電力を皮切りに北海道、東北、四国、沖縄の5電力会社が、10キロワット未満の家庭用太陽光発電など一部を除き、再生可能エネルギー発電設備の接続申し込みに対する回答をしばらく保留すると発表しました。分かりやすく言えば、売電の申し込みが受け入れ能力を上回るため新規の買い取りを中断するということであり、参入を狙っていた事業者や自治体にショックを与えました。

12年7月に再生可能エネルギーを電力会社が一定価格で買い取る固定価格買取制度（ＦＩＴ）が始まって以来、出力が1メガワット（１０００キロワット）以上もある大規模な太陽光発電、いわゆるメガソーラーを中心に、再生可能エネルギー発電への参入が相次いでいます。しかし発電量の急増に対して送電線の整備が追いつかず、しかも太陽光は天候次第で発電量が変動するという弱点を抱えているため、このまま設備が増えると天気のいい日には送電線がパンクしかねない、というのが買い取り中断の主な理由です。

このように、太陽光発電は急に増えすぎて電力会社が困るほどのブームになっていますが、言うまでもなく、再生可能エネルギーは太陽光から得るものだけではありません。再生可能エネルギー特別措置法（電気事業者による再生可能エネルギー電気の調達に関する特別措置法）第2条では、発電設備によって変換されて電気になる「再生可能エネルギー源」は①太陽光、②風力、③水力、④地熱、⑤バイオマス（動植物に由来する有機物であってエネルギー源として利用することができるもので原油、石油ガス、可燃性天然ガス及びこれらから製造される製品を除く）、⑥このほか政令で定めるもの、とされています。農山漁村再生エネルギー法（農林漁業の健全な発展と調和のとれた再生可能エネルギー電気の発電の促進に関する法律）第3条の定義もほぼ同じです。

ＪＣ総研ブックレット№2『再生可能エネルギー　農村における生産・活用の可能性をさぐる』（筑波書房）では、多様な再生可能エネルギーの中からバイオマスに絞り、家畜糞尿を使ったバイオガスプラント、木質ペレットボイラー・ストーブ、もみ殻ボイラーが紹介されました。いずれも農家(1)にとって身近なエネルギー源ばかりです。しかしもちろん、農村ならではの再生可能エネルギー源はバイオマスにとどまりません。大企業主導のメガソーラーにしても、その多くは広い土地のある農村に設けられるものです。だとすれば、豊富な再生可能エネルギー源を生かすことで農村をもっと元気にできないか、と考える人は少なくないはずです。

例えば、反グローバリズムの立場から農業問題についても積極的に発言している経済学者・金子勝氏と元農水省農林水産政策研究所長の武本俊彦氏は、最近の共著『儲かる農業論』（集英社）で、近未来の農家経営モデルとして「エネルギー兼業農家」というコンセプトを世に問いました。「エネルギーを売ることを兼業にする小規模農家」の意味で、「6次産業化と併せて、安全・安心を基軸にした未来を先取りする、先端的な農家経営のあり方」(2)だと主張しています。大企業によるメガソーラーでは、それによる利益の多くは大企業の多い都会に吸い取られてしまうのに対し、「発電する農家」が互いに連携することで、農村の活性化に役立つ「地域分散・ネットワーク型」のエネルギー・システムを作ろう、という提案です。

先のブックレット№2と同じ2人の著者による本書では、農家が作った太陽光発電設備、畜産バイオガスプラントのほか、再生可能エネルギーのローテク版とも言えそうな薪ストーブ、ペチカ、ウッドボイラー、太陽熱温水器、さらに実証試験段階ではありますが小規模な生ゴミ処理プラントを取り上げ、ドイツの事例として畜産バイオガス発電と太陽光発電を加えています。その中で山崎洋子さんの「おけら牧場」は、金子・武本氏の言う「エネルギー兼業農家」に当てはまりそうです。山崎さんは「食の自給とともにエネルギーの自給もしたい」という思いから、農場内に能力11・4キロワットの太陽光発電設備を作り、ＦＩＴ開始直後の12年9月から売電しています。夫の一之氏は、農業経営で食べて行くには年間１００万円程度の収入になる柱を５本持てば良いと考えており、太陽光発電もその１本になるというのです。

その山崎さんの事例から始まる本書の特徴は、農村地域における女性の活動という切り口で再生可能エネルギーを捉えていることです。ドイツを除き７人の女性が登場します。うち山崎さんと越信子さん、小野寺瓔子さん、弓削和子さん、栗田キエ子さんの５人はいずれも農家で、団塊（１９４７～49年生まれ）またはその前後の世代に属しています。残る２人は農家ではなく、多田千佳さんは研究者、吉村理恵子さんは再生可能エネルギーの普及を助ける会社を経営しています。２人は年齢的にもずっと若く、再生可能エネルギーを通じて明日の農村と農業を応援するサポーターといった存在です。

再生可能エネルギーの導入について７人に共通しているのは地産地消型だということです。地域にあるものを生かし、自分たちの使うエネルギーを自分たちの手で作る。従って設備・機器も身の丈に合ったものが選ばれています。

山里に暮らす栗田さんの家では薪ストーブが今も大活躍しています。地域の資源を生かし、効率より「自創自給」のストック経済を実践する栗田さん夫妻は、だからといって昔ながらの生活をそのまま続けているわけではありません。屋敷内に設けた「暮らし考房」を拠点に、グリーンツーリズムなどさまざまな先進的活動をしていることは３章で詳述されます。

酪農家の小野寺さんと弓削さんは、どちらも牛の糞尿をガス化し、燃料として利用するバイオガスプラントを作りました。発電はしていません。そのことについて小野寺さんは、発電するには追加的なコストがかかることを挙げ、「うちは、コストをかけず、できるものをプラスしていくという考え方です」と語っています。弓削さんもまた「等身大のプラント」を求め続けた結果、ようやく海外で生産されている小型バイオマスキットの情報を得て、輸入した上で日本の気候条件に適応できるよう改良を進めるところまで漕ぎつけました。

つまるところ、女性たちは再生可能エネルギーに関わることで自らの生き方を体現しているのです。まだブームが起きていなかった02年にいち早く5キロワットの太陽光発電を始めた越さんにとって、太陽光パネルの設置は子供たちに「あなたたちの親はこういう暮らしをしたい」というメッセージを伝えることでした。住まいの南側の窓にグリーンカーテンになるゴーヤーを這わせたり、玄関の脇に水瓶のビオトープを作ったのも同様です。

ところで、小野寺さん、弓削さん以外の農家3人と多田さん、吉村さんはNPO法人田舎のヒロインズ（理事長・大津愛梨《えり》さん＝熊本県）のメンバーであり、吉村さんはその事務局長でもあります。14年3月にNPO法人田舎のヒロインわくわくネットワークから名称変更したのに合わせて、理事も全員が40歳以下に若返りました。再出発の記者会見で掲げた新しい旗印は「農村が食べ物もエネルギーも作る時代」です。20年前にわくわくネットワーク（当時は任意団体）の創立に加わり、NPO化後は理事長をつとめた山崎さんの「食とエネルギーの自給」という願いがいま、若いヒロインたちによって受け継がれ、全国に広がりつつあるのです。

注

（1）本稿では繁雑さを避けるため、「農家」は林家を、「農業」は林業を、「農村」は山村を、それぞれ含むものとします。

（2）『儲かる農業論』11ページ。

1章　太陽光パネルを設置した農村の女性たち

電力の固定買取価格制度に後押しされて、最も伸びている再生可能エネルギー由来の電気が太陽光を使った発電です。住宅の屋根の上に太陽光発電パネルが並ぶ光景は珍しくなくなってきました。また、農村部では空き地や山の斜面を使った大規模な太陽光発電の施設も見られるようになってきました。

どこでも入手可能な太陽光は、バイオマス、水力、風力などのさまざまな再生可能エネルギー源の中では、最も使いやすい資源と言えるでしょう。太陽光を電気に転換するだけではなく、太陽光を使った温水器などは、以前からなじみのあるものです。電力の固定買取価格制度により、太陽光パネルの設置のための初期投資の回収や売電を通じた収入が見込めるようになり、個人の住宅からメガソーラー施設まで幅広く関心を集めています。

しかし、ここで紹介するのは、電力の固定価格買取制度があろうとなかろうと、自分でエネルギーを作りたいと太陽光発電パネルを設置した農村の女性達です。自分が食べるものを自分で作り、自分のやり方で暮らしている彼女達にとって、自分でエネルギーを作ることはごく自然なことなのです。

1　おけら牧場の山崎洋子さんが設置した太陽光発電パネル

(1)　おけら牧場の太陽光発電

福井県坂井市三国で「おけら牧場」を営む山崎洋子さんが、農場の中の傾斜面に太陽光発電パネルを設置したのは、2012年9月でした。

おけら牧場は、山崎洋子さんと夫の一之さんが、何もない所から作りあげた農場です。石川県の醤油製造業が実家である山崎洋子さんは、神奈川県出身の一之さんと東京の大学で知り合いました。一之さんは農業をやりたいと1971年に

山崎洋子さんと一之さん

福井県のこの地に新規に参入し、1974年に一之さんと結婚した洋子さんは農業の世界に足を踏み入れました。当初は肉牛を肥育し、開墾した畑で野菜を作り、鶏を飼う自給的な農業でしたが、現在では、農場の中に水田も作り食料についてはほぼ自給を達成しつつ、農場のジャージー種の牛から作った牛乳と卵を使ってジェラートを作り、地元の三国の町に作ったお店「カルナ」で販売しています。また、放棄地を開墾してブルーベリー園にしたり、周囲の雑木林を利用して農場への来訪者が楽しめる場づくりをしています。

洋子さんは、1994年に仲間達と「田舎のヒロインわくわくネットワーク」を作りました。農業女性・農や食べ物に関心のある女性たちを中心に、現在は農を応援する学生や男性も加わり、全国に約200人の会員がいます。ネットワークが最初に取り組んだのは「交流」でした。農業女性が家を空けることが今以上に難しかった時代に、メンバーの熱意によって年に1回の全国集会を開くまでになり、人前で自分の思いや意見をきちんと発言し行動することを目標に活動していました。2003年にはNPO法人化し、これまでの取り組みにくわえ、農の現場から社会に対して、食のあり方や子育て・教育・自然環境・地域活性化など幅広い問題について、学び、調査し、そして社会を啓発する活動を行っています。

おけら牧場には、そのような全国の仲間や地域の仲間、研修生達が集います。そこで、集いの拠点となるログハウス、「ラーバンの森」を牧場内に設置しました。おけら牧場は、いつでも誰かが立ち寄ったり、農業体験を行う場となっています。

グローバル化の下で規模拡大を追求するような農業ではなく、いのちと食、自分たちの暮らしを大切にし、地域の人々とつながる農業を目指していた洋子さんは、食の自給とともにエネルギーの自給にも取り組みたいと考えていました。自らの手で電気を作りたいと考えた時、風力やバイオマスを使った発電は難しいが、太陽光パネルを使った発電なら可能だと思いました。この時、参考になったのは、以前に訪問したドイツでみた取り組みです。固定価格買取制度が調い、農村の家々の屋根の上には太陽光パネルが置かれ、農家がバイオガス発電に取り組む光景に触れ、自分たちも電気を作りたいという思いを強めました。太陽光発電に実際に取り組む直接の契機となったのは、東日本大震災の福島第一原発事故です。福井県は原発が多く、また、福島の仲間との繋がりや、原発やエネルギーについてのラーバンの森での勉強会なども、洋子さんのエネルギーへの取り組みを前進させました。

おけら牧場の太陽光発電パネルは、農場の中の傾斜の法面を使って設置されています。発電能力は全体で11・4キロワット時です。これを設置する費用は全部で342万円かかりました。普通は、1キロワット時あたりの設置費は50万円程度ですが、山崎さんはこれを1キロワット時あたり30万円程度に抑えました。これは、山梨県に住む大友哲さんが考案した太陽光発電パネルを自分で設置するやり方を取り入れ、足場を安く作っているからです。

大友さんは、「東京では星が見えない」と山梨県に移住した異色の歯医者さんですが、同時に農家の屋根や畦の法面などに太陽光パネルを安く設置することを周辺に広めています。大友さんの提案する太陽光発電設備は、パネルを支える足場を自分で組み立てることで、設置の経費を安く抑えています。電気の固定買取制度がまさに始まろうとしていた時期に、第4章に登場する吉村恵理子さんが大友さんの再生可能エネルギーの取り組みに関心を持ち、洋子さんに紹介しました。吉村さんと一緒に山梨県の大友さんに会いに行った洋子さんは、是非自分でもやりたいと思いました。太陽光発電パネル

太陽光発電パネルを支える足場は自ら組み立てました

は大友さんに斡旋してもらい、大友さんの指示に従って足場の材料を買いそろえました。設置の時は、家族や友人などが30人ほど集まり、大友さんも監修に来てくれ、わずか2日で作ってしまいました。配線や、配電盤などの設置は電気屋さんが行いました。

　おけら牧場の太陽光パネルで発電された電気は全て地元の電力会社に販売しています。もともとエネルギーを自給したいとの発想から設置した太陽光パネルですので、自分たちで必要な電気を使った上で余剰分を売るようにしたいと洋子さんは考えていましたが、今の固定買取価格制度では作った電気を全量売った方が収入を多く得られるため、発電した電気は全量を販売することにしました。電気の固定買取価格制度によって、１キロワットあたり42円を20年間受け取ることができます。設置してからこれまでの実績では、月々の売電収入は４万円程度、２０１３年の売電による収入は49万円でした。太陽光発電パネルは特別な管理もいらず、確実な収入が見込めると一之さんは言います。

　太陽光パネルの設置費用の３４２万円は、山崎さんの息子夫婦、娘夫婦がそれぞれ１００万円、山崎さん夫婦と友人３人が30万円づつ出資しており、出資額に応じて売電収入を分配しています。出資者は年1回集まり、発電事業の成果の確認を手始めに、エネルギー談義に花が咲きます。固定価格での電気の買取期間が終わる20年後には、太陽光発電に関わる全ての権利を、研修拠点のログハウスであるラーバンの森に移すことにしています。

(2) 日本での再生可能エネルギーへの支援、太陽光発電の普及状況

２０１１年３月の東日本大震災と福島第一原発の事故を機に、日本では脱原発、再生可能エネルギーを支持する世論が高まりました。２０１２年７月には、電力の固定価格買取制度が始まりました。

図にあるように、制度が導入されてから、特に太陽光発電設備の設置が急速に伸びた事がわかります。一方、バイオマスなどその他の再生可能エネルギーを使った発電は伸び悩んでいると言えます。固定価格買取制度によって買い取られた電力量の実績をみても、太陽光発電が全体の半分を占めています（**表**）。太陽光発電においては、住宅用など10キロワット時未満の設備は、制度の認可を受けた値と実際に導入した値とが近く（導入率79％）、今では全国の家庭の約３％が太陽光発電を行うまでになっています。

一方、非住宅用の10キロワット時以上の設備については、認定された容量は63ギガワットで、認定容量全体の92％を占めますが、実際に導入された比率は１割程度にとどまっています。大規模な設備の導入には時間がかかることがありますが、中には、高い固定買取価格で事業を行おうと早々に認定をとりながらも、コストが下がるのを待っている（遅く建設することで、パネルの価格の低下が見込まれる）ようなケースも見られます。このため、２０１４年３月からは、認定されたものの、場所も設備も決まっていない事業については認定を取り消すようになりました。また、大規模な太陽光発電の事業の多くは企業主導によるものですが、中には地域住民の理解を得る努力や景観や自然への悪影響への配慮に欠ける取り組みもあり、こうした地域社会に貢献しないメガソーラー事業への反発や批判も出てきています。

農村に再生可能エネルギーを秩序建てて導入し、地元に利益が還元されるようにという考えから、２０１３年に農山漁村再生可能エネルギー法ができ、２０１４年５月から施行されました。この法律には、市町村による地域主導で取り組む

図　再生可能エネルギーの設備容量の推移

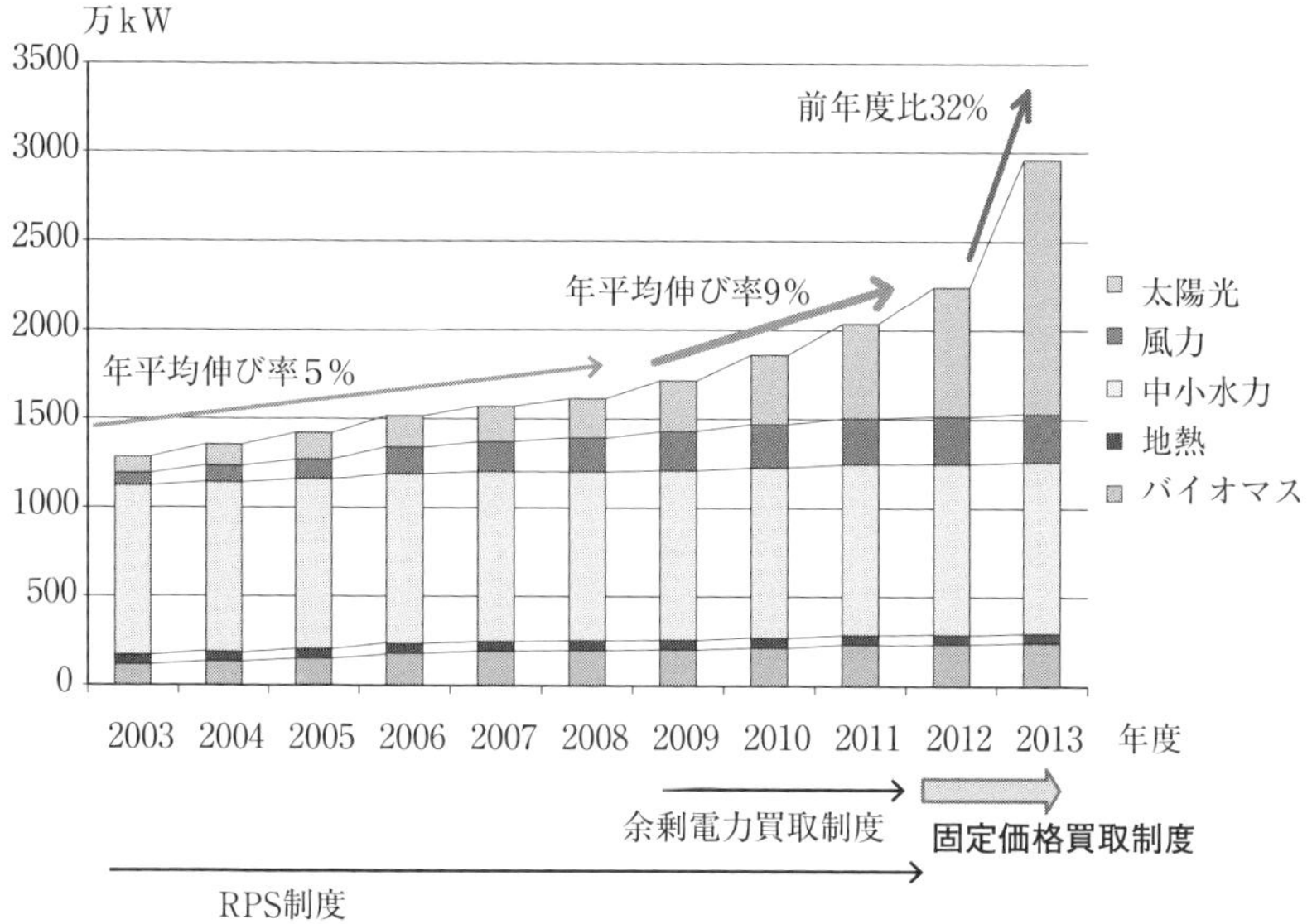

（JPEA出荷統計、NEDOの風力発電設備実績統計、包蔵水力調査、地熱発電の現状と動向、RPS制度・固定価格買取制度認定実績等より資源エネルギー庁作成）
※2013年度の設備容量は2014年３月末までの数字

表　固定買取価格制度のもとでの買取電力量の実績

（万 kWh）

発電形態	平成 24 年度	平成 25 年度	固定価格買取制度開始当初からの累積
太陽光発電（10kW 未満）	232,068.3	485,686.0	774,767.0
太陽光発電（10kW 以上）	18,952.9	425,466.9	536,640.3
風力発電設備	274,171.2	489,638.3	800,371.4
水力発電設備	12,007.4	93,552.6	116,733.6
地熱発電設備	123.5	570.9	724.3
バイオマス発電	21,698.5	316,940.0	371,320.5
合計	559,021.8	1,811,854.7	2,600,557.2

資料：資源エネルギー庁

再生可能エネルギーの活用計画の策定、優良農地の確保との両立などが盛り込まれています。

このように、農村での再生可能エネルギー生産に関わる制度が整いつつある中、農家にとって再生可能エネルギーは副収入源としての期待が高まっています。例えば、30キロワット時の発電能力を持つ太陽光パネルを設置すれば、毎月10万円、年間100万円程度の収入になります。農家は、倉庫や畜舎の屋根の上や、敷地内の空いているスペースなど、太陽光発電パネルを設置することのできる場所をたくさん持っています。「年金を補完する意味で十分な収入ではないか」と山崎一之さんは言います。ただし、制度の導入以降電力の買取価格が年々低下してきており、設置するならば、早いうちがよさそうです。

洋子さんは、牛小屋の屋根の上や使われていない斜面などに、10キロワット時より小さい住宅用の太陽光発電パネルの設備をつけ、そこで発電した電気を自家で消費し、余剰電力は売るシステムの導入を検討中です。

このような農家が電気を作って販売することに関して、一之さんは、農業経営で食べていくには、複合経営で、100万円程度の収入を得られる柱を5つ持てばよいのではないかと考えています。一之さんの考える5つの柱とは、2種の農作物をそれぞれ100万円程度販売し、グリーンツーリズムや加工販売などで100万円、農作業受託などが100万円、そしてそこにエネルギーからの収入の100万円が加わるというものです。

2　ドイツの農家が取り組む再生可能エネルギー

山崎さん夫婦も影響を受けたように、ドイツでは農家の再生可能エネルギーの取り組みが進んでいます。

ドイツの農場に関する統計を見ると、農場全体のうち、農産物生産以外の事業を行っている農場の比率は22・6%で、その中で多いのは農産物加工（7・8%）と再生可能エネルギーの生産（6・5%）となっています（1）。農産物加工に取り組む農場の比率は、農地面積規模別にみてもあまり変わりませんが、エネルギー生産に取り組む農場の割合は規模が大きい農場ほど高く、100ha層以上では11％の農場がエネルギー生産に取り組んでいます。ドイツではエネルギー生産が、農場の新たな収入源となり、特に規模の大きな農場に定着しています。

山崎夫婦がめざしている、農業生産とグリーンツーリズムや農産物加工とエネルギー生産とを組み合わせた経営を南ドイツで営むドレハー農場を紹介しましょう。

（1）南ドイツで酪農を営むドレハー農場

ドレハー農場は、なだらかな畑や森が北海道を思わせるドイツの南西部のバーデン＝ヴュルテンベルク州の、小高い丘の上の50軒ほどの村の1軒です。ドレハー家は何代にもわたり農業を営んできました。現在の経営主のトビアス・ドレハーさんは、120haの農地（うち100haは借地）で乳牛120頭を飼っています。

酪農はEU全体で厳しい時期が続いており、生産過剰に対する生産枠が設定され、生乳生産量が減っているのに、生乳の価格は低迷し続けています。ドイツはEUでも最大の生乳生産国ですが、特にこのバーデン＝ヴュルテンベルク州のような南部地帯は中小規模の酪農経営が多く、酪農の不振の打撃を大きく被っています。ドレハーさんによれば、30年前にはこの村には40軒の農家がありましたが、今では専業で農業を営むのはドレハー農場を含む2軒だけになってしまったそうです。

農業経営として生き残るため、ドレハーさんは酪農以外からも収入を得ようと経営の多角化を進め、その1つを再生可能エネルギーの生産と販売、もう1つをグリーンツーリズムに求めたのでした。

（2）ドレハー農場の再生可能エネルギーの生産

トビアス・ドレハーさんは、畜産糞尿やトウモロコシなどを使ったバイオガス発電と畜舎や機械庫の屋根を活用した太

ドレハー農場の１次発酵タンク

陽光発電による売電事業に取り組んでいます。

このうちバイオガス発電は10年前に始めました。当時は周辺にこうしたバイオガス発電に取り組む人がいなかったので、ドレハーさんは、発電設備を販売する2社のサポートを受けつつ、殆ど独学で試行錯誤しながら今の発電施設を作りあげました。「エンジンを1つ壊したよ」と当時を振り返りドレハーさんは笑います。

ドレハーさんのバイオガス発電施設は、９００㎥、８００㎥、２３９㎥の3つのタンクからなり、２回の発酵過程を経て発生したメタンガスでエンジンを回して発電するものです。この3つのタンクや発電用エンジンなど一連のバイオガス発電施設を作る費用は、10年前に建設した当時で１００万ユーロ程度（約1億４０００万円）でした。発電された電気は、20年間の固定価格買取制度によって、１キロワット時当たり20セント（約28円）で販売しています。年間１万㎥のガスが発生し、４２０キロワット時の発電能力を持ち、年間発電量は３５０万キロワット時だそうです。

発酵のための材料は、酪農で出てくる糞尿、サイレージ、トウモロコシで、１日に約20トンを使います。メタン発酵でできた消化液（スラリーと固形物）は全て自分の農地に播いています。良い肥料になっており、また、肥料がほとんど自給できることで高価な肥料代を払わずにすんでいるそうです。

このようにドレハー農場では、農地でトウモロコシと牧草を作り、それを牛に食べさせて糞尿を発電に使う、あるいは直接作物を発電に使う、発酵の残さである消化液を肥料に使うというサイクルを、自分の農場の中で完結させています。トウモロコシも牧草から作ったサイレージも、バイオガス発電と乳牛の飼料の両方に使われます。ドレハー農場の発電システムは大きいものではありません。周辺の農家の中には、売電収入の高さを見込んで、大きなバイオマス発電装置を作り、他の農家からトウモロコシや糞尿などを集めて発電している農家もあります。しかし、ドレハーさんは、発電の材料を自給でき、できた消化液も自分の農地で使えるような規模の施設を選んでいます。

バイオガス発電をすると、メタン発酵の過程や発電の過程で熱が発生します。ドレハーさんはこれを使って温水を作り、同じ集落の約50戸にエネルギー換算で1キロワット時当たり7セントで提供しています。集落内の配管を通じて提供される温水は、配給先の家庭において熱交換器で家庭の温水を加熱することで、暖房などに使われています。このような取り組みが評価され、この村は、集落内の電気と熱エネルギーを集落内のバイオマスエネルギーで賄うバイオエネルギー村に認定されています。

太陽光発電の方は、２００２年に、畜舎や納屋の屋根を利用して全体で３００キロワット時の発電能力を持つ設備を設置しました。ドイツでは、太陽光発電における20年間の固定価格買取価格が1キロワット時当たり約50セント（約70円）となっており、設備の設置費用は10年で回収できたそうです。

（3）グリーンツーリズムへの取り組み

ドレハーさんの農業経営多角化のもう1つの方法は、農場の建物を活用したグリーンツーリズムや賃借業です。ドレハーさんは、古い納屋を改築して、長期休暇用の部屋やレストラン、ショップにし、他にも敷地内に休暇用の家を4～5軒建て、夏場の長期滞在客を受け入れています。農場内には、鶏やヤギに触れられるコーナーや遊具があるほか、酪農やエネルギー生産についての説明が随所に掲示され、滞在する家族が農場を楽しみ、農場を知ることができるようになっています。

この部門は主にドレハーさんの母親の担当となっています。パスタやジャムを手作りしてショップで販売したり、宿泊客や農場に遊びに来る客に食事を提供したりしています。宿泊施設には台所がついているので滞在客は自炊が基本なのですが、農家見学ツアーや予約をした客には手作りの地元料理が振る舞われます。この休暇用の部屋や建物は、シーズンオフは近年増えている東欧からの建設業などに携わる季節労働者に宿舎として貸し出されています。

このドレハーさんの経営多角化の成果はどのようなものでしょうか。

ドレハー農場では、約120頭いる搾乳牛から、年間約120万ℓ生産される生乳を、販売単価1ℓ当たり35セント（約50円）で売っています。畜舎は40年前に建てたものですが、自動搾乳ロボットを2台、自動給餌機を1台設置しており、農場に投入される労働力はドレハー氏と、農業就農希望で来ている3人の研修生でまかなっています。

ドレハーさんに、酪農と発電事業とどちらの収益が大きいか、と尋ねたら、「もちろん発電事業だ」という答えが返ってきました。

おおまかに見積もって、酪農部門の生乳の売上高は年間約6000万円になります。これに対し、バイオガス発電の売上高は8000～9000万円、太陽光発電による売上高は1000～2000万円程度が見込まれ、ドレハーさんの回答を裏付けています。ドレハー農場は、農業のみの収入では経営の厳しい農家が生き残るモデルの1つを提供しているのです。

3　長野県の越信子さんの生き方を示すための太陽光発電

(1)　越さんの太陽光発電パネルの設置

長野県須坂市で越果実園を営む越信子さんは、福島の原発事故やその後の電力固定買取制度の導入により急速に広まった国内の再生可能エネルギーへの取り組みよりも10年も前、２００２年に自宅の屋根の上に太陽光発電のパネルを乗せました。２０００年に家を新築し、外見などを整えたその2年後に、作業スペースとなっていた建物の屋根の上に50枚のパネルを設置しました。家の新築で予算的に精一杯だったので、太陽光パネルの能力は5キロワット。「お金がなくて、それだけしかできなかった」のだそうです。

電力会社に勤める夫は、採算が合わない、太陽光発電パネルがもっと安くなるまでやるべきではないと反対しました。でも越さんは、自分がやりたいからと、ちょうど満期を迎えた自分の貯金を使って設置しました。当時は太陽光発電に取り組む人は周囲におらず、太陽光パネルの価格も今より高かった時代です。国からの補助を引いても４００万円かかりました。経済効率だけを考えたら当時太陽光発電に取り組むはずはない時代に、「あなた達の親はこういう暮らしをしたい」というメッセージを自分の子供に伝える手段として取り組んだ、と越さんは言います。それを実行する手段として最も手近だったのが太陽光電気だったのです。

越さんは同じような発想から、家の南側にグリーンカーテンになる植物を育てています。今年はゴーヤーの実が、リビングの窓の向こうで揺れていました。限りある資源をどのように使うべきかということを、微々たるものではあっても、形で示したかったと言います。また、子供達が地球上の生き物の存在を間近に学んでくれるようにと、玄関脇には小さなビオトープを作りました。水瓶とその周りに植えられた植物で構成されるビオトープをのぞくと、中でメダカが泳ぎ、周囲を小さなアマガエルが這っています。

越さんの太陽光発電システムでは、発電した電気を自宅で使い、余った電気を中部電力に売っています。パネルは農作業を行う建物の上の平らな屋根の上に乗っているので、普通の屋根の上に乗せるのに比べて傾きが少なく、発電効率が良いそうです。再生可能エネルギーの固定買取価格制度ができて、1キロワット時あたり48円の固定価格で売電できるようになり、今では電気代が黒字になりました。平均して月６０００～７０００円程度の収入になっているそうです。

屋根の上の太陽光発電パネル

越さんは、屋根の上にまだスペースがあるので、もう少しパネルを増やすことも検討中です。10キロワットまでは売電収入は雑所得となるので、個人がやる範囲なら、10キロワットが限度かなと考えています。

(2) はてなと思う事が大切

越さんは長野県出身ですが、農業とは無縁に育ちました。神奈川県横須賀市で働いていた時に、長野県の農家出身だが次男であり当時東京で会社員をしていた夫と知り合いました。しかし、結婚直前に、実家の長男が家を出、夫が長野に帰り跡取りにならなければならなくなりました。越さんは、実家の家族全員から、「農家に嫁ぐなんてとんでもない」と反対されましたが、本人は農業が大変だとは考えなかったそうです。「若いとはそういうものよ」と振り返って越さんは笑います。

越果実園は経営面積が90ａの自作地で現在はリンゴ30ａとブドウ60ａを作っています。昔は水田もありましたが、越さんがブドウ園にしたそうです。ずっとサクランボも作っていましたが、年を取り高い所に登る作業が危なくなり、「落ちたら死ぬぞ」と思いやめました。サクランボは特にお客さんが沢山来る人気の作目で、作ればいくらでも売れる作目でした。今はそこでブドウのシャインマスカットを作っています。

夫は地元で電力会社に勤めており、結婚して15年後に義父が脳梗塞で倒

農園の中の越さん

れ、義母はその介護をしていたこともあり、農業は越さんがずっと一人で取り組んできました。越さんは、農業のやり方の「ここが変だ」「はてな」と思う所から、経営を工夫し、今の経営を作り上げてきました。「よそ者」である越さんから見ると、農家の息子である夫も含め、農家は「今までやってきたから」と疑わずにやっていると感じます。「はてな」と思わずにやっていては農業には先はない、と越さんは言います。

例えば、「農業は小さい単位で扱うものの方が儲かる。できるだけ軽くてお金になる方が楽である」と越さんは考えます。g単位で販売されるサクランボ、kg単位でのブドウ、10kg単位でのリンゴ、というように。また、農作物のうちA級品は必ず売れるのであり、それ以外のB級品、C級品をどのように上手く売るかが経営のポイントだと思っています。そこで、これまでの売り方では経営が成り立たないと感じた越さんは、周囲が取り組むはるか前から産直に取り組み始めました。

越さんの産直は、地元の客ではなく遠くの客に果物を発送し、あるいは遠くから客が買いに来てもらうやり方です。リピーターに守られていると越さんは言います。発送するのと、客が農園に採りに来るのとが半々くらいだそうです。「ふれあい農園」と銘打っているのは、観光農園のような客が立ち寄って買っていく農園ではないという意味を込めているためで、客は全て事前に予約して越農園を訪れます。越さんの家に来て、越さんとおしゃべりし、越さんの料理や生活の工夫を楽しみ、お客さん同士が友達になります。「お客さんが家の中で勝手にお茶を入れ、お金の計算をし、みんな家族みたいな感じ」だそうです。客は農家での1日を楽しみ、「また来年も」といって帰ります。越さんは、単に果物が売れれば良いのではなく、自分の考え方、暮らし方を分かっている人に買ってもらいたいと言います。だから、越さんはインターネットでの宣伝は一切しません。「うちのお客はネット販売を好まない。化石のようなお客さんが多い」と笑います。

今は退職した夫が一緒に作業を行いますが、それまでは臨時の雇用もほとんど頼まずにずっと越さん一人で農園を経営してきました。反射マットを敷くような作業は、毎年受け入れを行っている京都大学、早稲田大学の研修生が手伝ってくれます。収穫作業に雇用を頼むと、越さんが行う収穫物の発送作業が追いつかなくなるので、雇わないそうです。

越さんには一男一女がいます。息子は車で15分程度の所に住んでいて、農繁期の週末などには農作業を手伝ってくれます。今のところ息子が農園を継ぐかどうかは分からないので、今は夫婦2人で無理なくやれるような楽な作業形態になるように農園を少しづつ転換しています。例えば、ブドウの仕立て方は、ブドウが一直線に成り、剪定場所が決まるように変えているところです。そうすることで、作業も楽だし、他の人がやっても大丈夫な園になるそうです。

越さんは、「はてなという考えができないと農業に先はない」に続けて、「そのはてなに、自分のペースで取り組むことが大切。みんなそれぞれ基礎体力が違うのだから、自分でできるのは何かをそれぞれが考えればいい。できる所は盗めばいい。私と同じ事をしようとしてはだめ。ここはできる、という所だけ真似すればよい」と言います。この「自分でできることを自分でやる」ことが、太陽光発電への取り組みにもつながっています。

「はてな、と思い、自分でできることをやる」ことは、越さんの経営での色々な工夫として表れています。

例えば、このあたりは全国でも有数の干ばつ地帯です。パイプラインが走ってスプリンクラーがついていますが、良い果実を作りたければ、それだけの水では足りません。そこで20年前に、７５００ℓの容量を持つ廃棄となったタンクローリーのタンク部分を活用し、そこに雨水を集積する仕組みを作りました。同規模のコンクリートの貯水槽を園内に作ったら多大な費用がかかります。タンクローリーの下に長野電鉄から譲り受けたタダ同然の枕木を敷き、上には屋根をかけて雨水を集め、貯水槽としています。

また、サクランボのもぎとり園をやっていた時に、お客さんが手を洗う場所が欲しいと考え、雨水をポリタンクに集積するものを作りました。農場内の簡易トイレに換気扇をつけたいと思ったが、畑の真ん中で電気がないので、夫からアドバイスを受けてソーラーパネルによる換気扇をつけました。

越さんは、色々な工夫をするのが楽しいと言います。農業の世界はこんなに色々なことを楽しめるのに、なんでみんな農業はダメだと言うのか、発想の転換さえできて楽しむことができれば農業はいくらでも拡がるのではないかと言います。

（3）再生可能エネルギーは家庭の再生を含むものなのだ

越さんは、長年田舎のヒロインわくわくネットワークの理事として山崎洋子さんと一緒に活動してきました。越さんは、山崎洋子さんが、以前、メンバーで基金を集めて一緒に再生エネルギーに取り組もうと言った時、反対しました。越さんはその理由について、「大切なのは一人一人の考え方であり、みんなでやるものではない。メンバーによって、自分が地球に負荷をかけている、いない、の意識の持ち方も違う。メンバーが、日々の暮らしの中で自分の考えを実行すること、それぞれの地域で自らのスタンスで取り組むことが大事なのだ。みんながやるから私も、というのではない。作られた線路の上にのって、自分もやっている気分になっているのは、そもそもおかしいのではないか」と説明しました。「特に原発事故の後で、自分はどう生きるのかをきちんとする時期なのではないか。あー、いいわね、ああ、賛成、というのは嫌だ。ましてこれくらいの年齢になった人間がそういう軽い生き方をしていていいのかと思う」と言います。

太陽光発電からの収入は、毎月たかだか６０００〜７０００円です。でも、１円でも１００円でも価値のある使い方をすることが大事だと越さんは考えます。だから、孫にも電気の付けっぱなしには特に注意するように言っているそうです。そこがきちんとできなければ、個人で電気を作る意味がないと思っています。同じように、水の出し方も細かく注意するそうです。孫には、「食べられない人がいる、ということを知りなさい」と言い、孫達はそれを素直に聞き入れるそうです。

越さんにとって、再生可能エネルギーというのは、人間の再生の一部に含まれています。人間が人間らしく生きていけるエネルギー源は家庭であり、家庭がきちんとしていないと、人間の再生そのものが危うくなる。食べ物にせよ、何にせよ、全てのものに命があることを意識して生きようとする越さんの暮らしの中に、エネルギーの再生も含まれているのです。

越さんは、自らがやっていることは小さいことながら、それで良い、それが大事だと思っています。1歩1歩の歩みは小さくても、そこから政治だって変えられるだろうし、そうでなければいけないと思っています。田舎のヒロインの活動をずっと支えてきた越さんですが、今後はもう一度自分を見つめ直して生きていきたい、人とゆっくり関わっていきたいそうです。老人には老人の役割、人に伝える役割があると思うし、今はそれが特に大事になってきていると感じています。

注

（1）EU委員会 Euroetat「Farm Structure in Germany — 2007」

2章　チェルノブイリ事故を機に畜産バイオマス利用へ

1　発電しない小型畜産バイオガス施設

長野県伊那市の土塊《つちくれ》牧場。18年前、仲間たちと建設したという畜産バイオガスプラントを案内してくれた小野寺瓔子さんは、

「視察に来た方たちに、『これだけなの⁉』と言われます」と苦笑しながら話してくれました。

土塊牧場は、瓔子さん、哲也さん夫妻と長男夫婦で経営する、搾乳牛約35頭の小さな牧場です。搾乳牛は、「自分の牧場で育った牛でなければ」と、成牛を購入することなく、すべて牧場内での育成。私たちが訪れたときは、搾乳牛のほか、まだ成牛にならない育成牛が約15頭いました。

牛舎内にある牛糞の投入口と櫻子さん

１９９６年に建設した畜産バイオガスプラントは、牛舎内にある投入口、投入した牛糞を発酵させる発酵槽、発酵して液肥となった液体が貯留する排出・液肥槽という3つの施設があるだけのシンプルな構造で、発電設備はありません。しかも、発酵槽も排出・液肥槽も地下にあるため、地上から見えるのは、投入口と、液肥を汲み出す液肥槽の上部のカバーだけです。

しかし、このシンプルなプラントは、１日３㎥（冬期）～７㎥（夏期）のメタンガスを生み出し、小野寺家の炊事用のガス消費の大半を賄っているだけでなく、牛舎のパイプラインミルカーの温湯消毒用に使う貯湯タンクの加熱燃料としても活躍しています。

搾乳牛約35頭の土塊牧場の牛舎

また、牛糞の発酵によってガスと同時に生成される液肥（分解された牛糞汚泥）は、有機物と腐食質に富んだ有機質肥料として、牧場の牧草地や田畑に散布しています。小さいながら、このプラントは、小野寺家の日々の暮らしと酪農経営に必要なエネルギーの自給に大きく貢献しているのです。

２０１１年の固定価格買取制度（ＦＩＴ）施行を機に、バイオマス発電施設の建設が増えています。２０１４年3月末現在、バイオマス発電施設の中で最も発電量が多いのは、木質バイオマス発電施設で、今後も日本製紙グループや王子ホールディングスなど、大手製紙企業によるプラント建設計画が目白押しです。

しかし、認定稼働件数を見ると、木質バイオマス施設を上回って増えているのが、畜産糞尿をメタン発酵させる畜産バイオガス発電施設です。しかも、プラントの大型化が目を惹きます。

北海道別海町では、町と三井造船の共同出資で設立された別海バイオガス発電㈱によって、日本最大の大型プラントの建設が始まっています。プラント整備事業費は15億円（取付道路、送電線工事などを含まない）。２０１７年7月の稼働をめざしており、完成すれば、家畜糞尿処理量1日約２８０トン（成牛約４５００頭分）規模、年間の発電量は約９６００メガワット時と、別海町全６３６０世帯の約44％の電力消費を賄える計算です。現在、「日本最大」と言われている北海道鹿追町にある施設の、実に

5倍近いメガプラントです。

農水省によると、２０１４年6月末までに全国で整備された畜産バイオガス発電プラントは、今後の稼働予定を含めて81カ所（ＦＩＴ施行以前から稼働しているものを含む）。このうち、北海道が59カ所と、全体の7割以上を占めています。鹿追町や別海町のような、地域ぐるみの「共同集中型」だけでなく、個別酪農家による「個人型」のプラント建設も増えています。

ただし、この調査には、発電設備のない畜産バイオガスプラントが含まれていません。東日本大震災以降、畜産バイオガスプラントは、農村地域の地域活性化の武器として注目を集めるようになりましたが、多くのケースは「売電ありき」。畜産糞尿処理と売電によるメリットが大きな魅力になっています。

もちろん、大規模プラントは、酪農・畜産地帯が抱えてきた糞尿処理問題を解決するとともに、地域雇用を生み出す効果も期待できます。ただし、これは酪農・畜産農家が集中する地域でなければ、逆にコスト割れの危険性もはらんでいます。発電・送電設備も含めた初期投資が非常に高いだけでなく、畜産農家から糞尿を広域集荷する回収システム、糞尿の発酵によってメタンガスとともに生成される液肥（消化液）を散布できる耕種農家の圃場の確保、さらに、そのための液肥輸送・散布システムを構築する必要があるからです。当然、糞尿収集や液肥散布の場所が広域になるほど、運営コストがかさむことになります。

とくに、北海道レベルの大規模酪農・畜産地帯が数少ない本州では、このシステム構築が可能な地域は限られています。個人型プラントも、発電容量や採算性への考慮から、最低限でも牛で１００頭規模の飼養頭数を前提にしたものばかりで、プラント建設の初期投資は６０００万円以上。中小規模の酪農・畜産農家にとっては、なかなか手の届かない存在です。

しかし、なにも必ずしも発電設備がなくてもいいのではないでしょうか。畜産バイオガスプラントが生み出すメタンガスは、そのままでも、燃料という立派な再生可能エネルギーです。発電設備の有無は、その燃料で発電用タービンを回し電気エネルギーに変換するか、あるいは、そのままガス燃料として使うかのちがいだけです。

ちなみに、小野寺牧場にあるバイオガスプラントでは、多くのボランティアが建設作業に参加したため、人件費は、ボランティアの食事や寝泊まりの世話が中心。建設コストは、人件費を抜いて約200万円だったそうです。単純比較はできませんが、別海町のメガプラントの約750分の1です。

バイオガスは、1㎥で3～4人家庭の1日分の調理をまかなえるといわれます。この1㎥のガスを発生させるのに必要な畜糞量は、およそ牛なら1頭分、豚なら4頭分、鶏なら140羽が目安。中小規模の酪農・畜産農家にとっては、むしろ、ガスをそのまま利用するプラントを考えたほうが身の丈にあっているのではないでしょうか。

2　チェルノブイリ事故を機にプラント建設を考える

「以前から、バイオガスに興味はあったのですが、現実にこんなに早く自分の家に作ることになろうとは、当時、思ってもいませんでした」と話す小野寺さんが、バイオガスプラントを建設したきっかけは、1986年のチェルノブイリ原発事故でした。

事故から2年後の88年、愛媛県の四国電力伊方原発で出力調整実験をするというニュースに、実験中止を求める署名運動が全国に広がりました。それまでの反原発運動とちがい、このときは、それまで市民運動とは無縁だった多くの主婦たちが運動に参加したことを覚えている読者もいると思います。「原発よりいのちがだいじ」という大分県の主婦・小原良子氏の呼びかけで始まった署名運動は、反原発運動の大きなうねりを全国に巻き起こしました。

小野寺さんの住む伊那地域でも、「伊方に行って抗議しよう」という声が上がり、県内各地のグループと一緒にバスをチャーターして何人かで出かけていったそうです。これを機に結成された「伊那谷いのちがだいじ連絡会」の仲間たちで、原発関係の情報を集めて伝えるために通信を出そうと、まずは専門家を講師に招いて勉強会をスタート。

その後、中部電力芦浜原発反対運動では、漁民支援のため魚の産直運動を展開したり、中部電力の株主になって廃炉を訴える株主運動、チェルノブイリ救援バザーの収益で粉ミルクをウクライナに送るなど、さまざまな活動を行いました。

そのうち、ただ原発に反対するだけでなく、少しでも原発に頼らない生活を創造するために自分たちでエネルギーを作ってみようという機運が持ち上がりました。そのためには、資金が必要ということになり、「ソフトエネルギー基金」を立ち上げました。賛同者から１口５０００円で基金を募り、集まった資金を無利子でプラント建設希望者に貸し出すシステムです。

この基金を使い、土塊牧場にバイオガスプラントを作ろうという話が持ち上がりました。太陽光発電や風力発電に取り組むメンバーはいても、畜産バイオガスに関しては、牧場を営む小野寺さん一家しか取り組めるメンバーはいませんでした。

「牧場の近くに信州大学農学部キャンパスがあるのですが、うちによく出入りしていた信州大学の学生さんがバイオガスを卒論のテーマにしていて、以前から『やらないか』と言われていた経緯もありました。その学生の紹介で、バイオガスキャラバンを主宰する桑原衛さんに来ていただき、お話を聞いて『うちなら、できるかな』と思ったんです」（小野寺さん）

「バイオガスキャラバン」とは、専門業者に建設作業を委託するのではなく、自分たちで使いこなせる規模のバイオガスプラントを自分たちで作り、有機物循環によるエネルギー自給を進めようという非営利活動です。

さすが設計図は、技術者から農家に転身した桑原氏が、プラントを建設する農家の希望や立地条件を考慮して作成しますが、その後の建設作業は、施主の農家自身が中心になり、バイオガスキャラバンの活動に賛同するボランティアがその作業を支援するという、いわば〝結い〟のようなスタイルで普及活動を展開してきました。活動は国内外で行われていますが、国内では、92年に埼玉県小川町の田下農場（現・風の丘ファーム）で建設されたプラントが第1号。次いで、同町の霜里農場のプラントが誕生し、小野寺家は、バイオガスキャラバンによる国内で3番目のプラント建設になりました。

96年1月、信州大学の学生やOB、地域の仲間たち、さらに東京や埼玉県小川町から駆けつけた有志などによって、プラント建設がスタート。厳寒期の中、ユンボを借りてきて深さ3mの穴を掘り、23㎥のドーム型の発酵槽と10㎥の排出槽・液肥槽の型枠を組み、コンクリートを流し込みました。

建設場所は、牛舎の脇を通る道路の下。「設計段階では、牛舎の北側にある堆肥舎の地下のほうが、温かくて発酵の効率がいいため、厳冬期を考えると堆肥舎の下がいいと言われました。でも、私は日々の仕事の流れの中で全部の作業ができるようにしたかった。それで、牛舎の中に投入口を作ることにこだわり、プラントも牛舎の横に作ることになりました。実際、この場所だったから継続できたと思っています」(小野寺さん)

その後、気密・水密試験をしてからプラントを埋め戻して整地。プラントから自宅と牛舎内へのガス配管などを終えるまで、約4ヶ月がかかったそうです。ちなみに、ガスの圧力計にはペットボトルを利用。牛舎内の温湯タンクの加熱用ボイラーには風呂釜を使っています。アイデア満載の手造りプラントです。

6月、近くの養豚農家から種菌となる豚糞汚泥を2トンもらって投入。その後、牛舎から出る牛糞を毎日入れて、メタンガスの発生を待ちました。最初はプラント内に空気が入っているためガスが薄いので、何度かガス抜きが必要です。そのうち、「待ちきれずに発酵槽のガス取り出し口から出てくるガスに火を付けてみました。ゴーッと音がして、よく見ると透明な青い炎が燃え上がって、『やった！　我が家のゴーバル（牛糞）ガスだ』と。このときの何とも言えない感動は、今も忘れません」(小野寺さん)

3　小野寺家のバイオガスプラントの仕組み

ここで少し、小野寺家のバイオガスプラントの仕組みについて具体的に説明します。

毎日、朝と夕方の牛舎の清掃作業の後、牛舎内の投入口から牛糞を1日50～100kg投入します。敷料に使っている稲

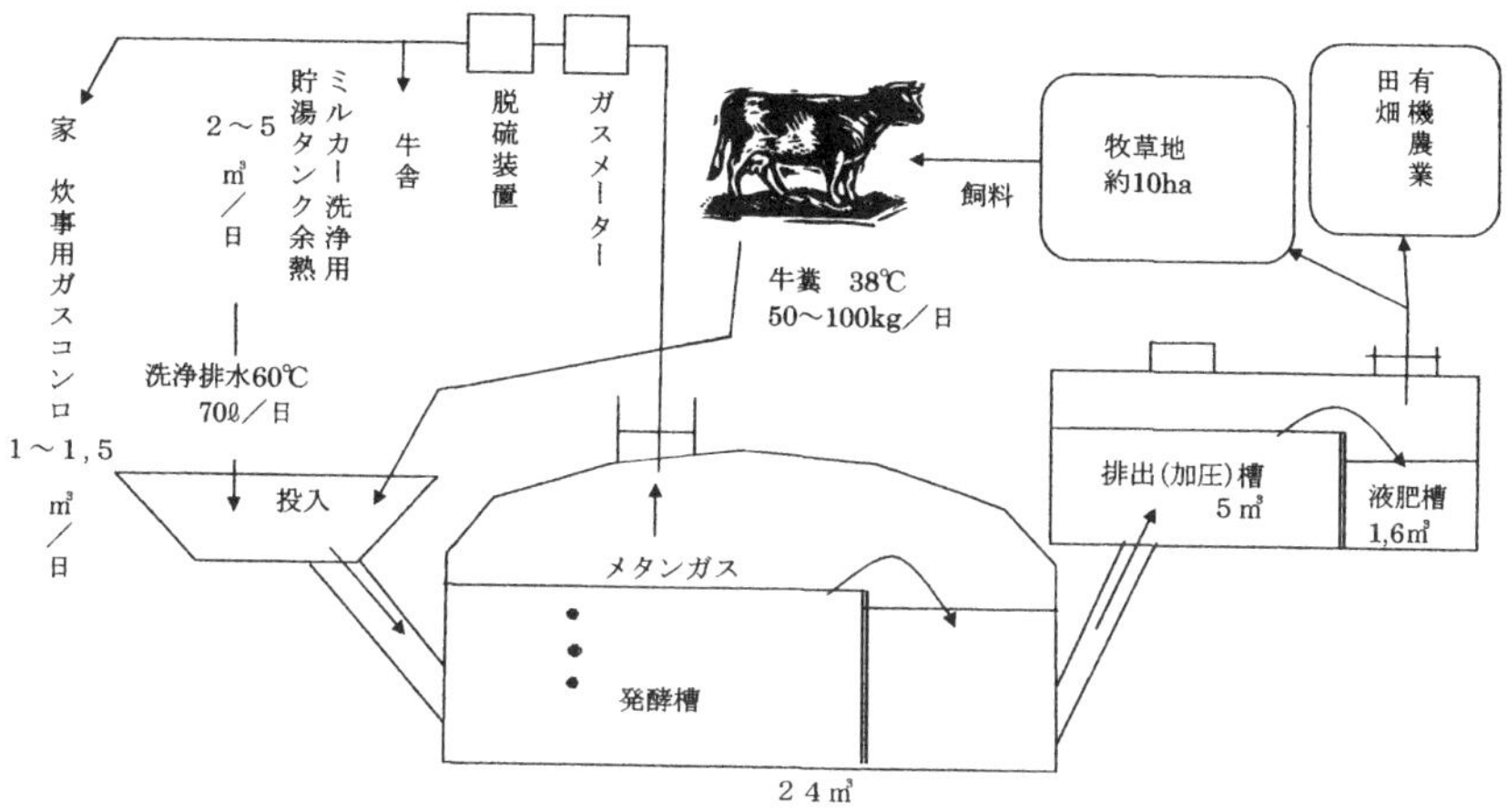

図：土塊牧場のバイオガスプラント利用システム

わらが混入しないように、投入するのは、清掃作業が終わったあとに排せつされた純粋な牛糞のみ。清掃作業で出る牛糞と稲わらは、プラント建設以前と同様に、堆肥舎に運び堆肥化しています。

「糞にはもともとメタン菌が入っているし、牛の胃で一度、微生物分解されているので、分解が早い。稲わらは糞に比べて発酵が遅く、発酵の邪魔をするし、詰まりの原因になります。このプラントは、牛糞処理というより『ガスをこれくらい欲しい』というところから設計しているので、仮に頭数が増えて牛糞の量が増えても、プラントの容量を超える糞は、堆肥舎に積めばいいと考えています」（小野寺さん）

この牛糞と合わせて、パイプラインミルカー洗浄後の廃水を約70ℓ入れます。洗浄には、約60℃のお湯を使っていますが、ラインを流れている間に若干温度が下がるため、投入時には、手を入れて熱いと思う程度。牛糞とお湯を合わせて1日の投入量は、100～200ℓくらいになるそうです。

投入したお湯と牛糞は、投入口を通じて、地下に埋め込んだ24㎥の発酵槽に入ります。発酵槽で牛糞が嫌気性発酵し、発酵槽の上部にメタンガスがたまります。発生したメタンガスは、発酵槽上部に取り付けたガス管を通じて、牛舎の温水タンクと自宅に引き込まれ、燃料として使用されています。

牛舎ボイラーには風呂釜を使用

発生したばかりのメタンガスには、二酸化炭素のほか、リン化水素や硫化水素など微量の有毒物質も含まれているので、当初はガス管の途中に脱硫装置（さびた鉄くずと活性炭で製作）を設置して脱硫処理していました。現在はガス質が安定し、脱硫する必要がなくなったため使用せずにすんでいるといいます。

小野寺家の場合、家庭の炊事用でのガス使用量は1〜1・5㎥。残りは、牛舎の温水タンク用燃料になっています。もともと家庭にはプロパンガスを、牛舎のボイラーには灯油を使用していたので、メタンガスだけでは燃料が不足するときなどは、プロパンガスや灯油を使用することもできます。

また、プラント建設後、知人の農家から太陽熱温水器を譲ってもらい、牛舎の屋根に取り付けました。温水器で加熱したお湯は、牛舎内のボイラータンクにつながっています。「水からではなくお湯から湧かすことができるので、とくに夏は燃料消費が少なくてすみ、助かっています」（小野寺さん）

一方、発生したガスの下にある発酵槽内の汚泥は、有機物分解されて茶褐色の液体になります。この液体は、メタンガスの発生によって、そのガス圧に押されて排出槽に押し出されていきます。排出槽で熟成された液体は、そこからさらに液肥槽に押し出されます。

投入された糞が液体となって排出槽に押し出されるまでの滞留期間は

液肥槽の液肥

100日以上。その間に寄生虫や病原菌は死滅してしまい、そのまま液体肥料として利用できます。この液体肥料をバキュームカーで液肥槽から汲み出し、小野寺家の14 haの牧草地と自給用の田畑（約30 a）に散布します。完全に発酵しているため、バキュームカーでそのまま散布しても悪臭問題はありません。

　大型プラントでは、発酵槽の底にスラッジ（汚泥）が沈殿したり、スカム（スポンジ状に水面に浮く汚泥層）が発生するため、発酵槽内の汚泥を均質化するための撹拌装置が装備されていますが、小野寺家のプラントには撹拌装置もありません。「排出槽にスカムが浮いてきたことがないので、発酵槽も大丈夫だろうと思い、プラント建設してから今まで発酵槽を開けたことがない」（小野寺さん）のだそうです。

　有機物だからと家庭ゴミやその他の廃棄物を投入せず、牛糞とお湯だけという定質のものを、定期的に定量投入しているため、発酵槽内の微生物層が安定しているためと考えられます。これは、牛舎内に投入口を作らなければできなかったことだと小野寺さんは言います。

「なので、うちは運転コストがゼロ。牛舎の加熱用風呂釜が4代目なので、お金がかかったのはそれくらいです。初期投資の200万円は、ほぼ回収できたと思います」（小野寺さん）

4　最初の2年間はトラブル続き

　今でこそ安定している小野寺家のプラントですが、「最初の1~2年目は、やめようかと思うくらい大変でした」と小野寺さんは振り返ります。

たとえば、飼料の中に入っていた綿実が、牛の胃で消化されずにそのまま糞として出てきて、それがガス管の中に詰まったこともあります。このときは、地中に埋めたガス管を掘り起こし、逆噴射させて綿実を取り出したそうです。その後、異物がガス管に詰まった場合でも、地中に埋めたガス本管の手前で異物を取り除けるようにガス管の配置を工夫しました。また、ガス管内で結露した水がたまって凍り、ガスが全く出なくなったりしたときにも、ガス管を掘り起こしてお湯をかけ、氷を溶かさなければならなかったといいます。他にも、脱硫装置の継ぎ目からガス漏れしてガスがたまらなくなるなど、トラブル続きだったそうですが、ひとつひとつトラブルを解決し、3年目くらいには、プラントを使いこなせるようになったといいます。

度重なるプラント故障に加えて、ガス利用の際にもトラブルがありました。最初は、ガスが出ているのにガスコンロの空気調節がうまくいかず炎が飛んでしまったのだそうです。バイオガスの燃焼速度が遅いため、空気の量が多いと炎が飛んでしまうことがわかり、コンロの空気調節の部分をテープでふさいでみると、火が飛ばなくなりました。安定してガスコンロが使えるようになったのは、プラント稼働から3年目。ようやく、家庭用ガスをプロパンからバイオガスに完全に切り替えることができたそうです。

プラントが安定すると、発生するガスの成分も変化してきました。プラントが稼働したばかりの96年7月の調査では、脱硫処理する以前のガスに含まれる硫化水素は1800ppm、リン化水素は80ppmでしたが、年を追うごとに数値が下がり、2000年4月には硫化水素10ppm以下、リン化水素13ppmになりました。

「きれいに発酵してくれるようになったということなんですよね。最初は発酵槽内の温度も低かったし、発酵槽が満杯になるまでは槽内に空気も残っていたわけだし、安定するまで時間がかかった。最初に種として使った豚糞が牛糞のガスに変わるまでにも時間がかかっているのだと思います。最初の2年、なんとか我慢したことで、今は労力を使わずに利用できるようになりました」

5　メガプラントより等身大でエネルギーを考える

小野寺家のような発電設備のない小型バイオガスプラントの建設・稼働件数に関する統計はありません。筆者は、今までバイオガスプラントを建設した農家数人から話を聞いたことがありますが、発酵槽に汚泥がたまるなどプラント維持に手間がかかったり、ガスの発生量や質が安定しないなど、さまざまな理由で苦戦し、プラント稼働を休止しているケースも少なくありません。

小野寺家のプラントが15年以上安定して稼働し続けている理由について、小野寺さんは、①発酵槽が地下にあり保温性がよいこと②温かい牛糞と温水を投入するため、発酵槽が常に温かく保たれていること③敷料の稲わらを投入せず、1年を通じて定時・定質・定量を投入していることを理由にあげます。発酵槽内の微生物が安定して働ける環境を作ること、そのためには「観察力と工夫する力が大事」と小野寺さんは言います。

もちろん、電気も使っています。パイプラインミルカーやバルククーラー、地下水の汲み上げポンプ、牛舎の扇風機などは電動です。福島第一原発事故後の電気料金値上げで、かつては3万円程度だった毎月の電気代が5万円程度まで上昇しています。

しかし、だからといって、バイオガスプラントに発電設備をつけようとは考えていません。「発電にガスを使うと燃料として使えなくなります。もっとガスを出そうとすれば、もっと有機物を投入して、発酵槽を撹拌したり温度をかけたりというコストをかけなければならなくなる。うちは、コストをかけず、できるものをプラスしていくという考え方です」と小野寺さんは言います。

一方で、家庭内の冬期の暖房にはペチカ（暖炉）を、給湯には太陽熱温水器とウッドボイラーを使うことで、なるべく電気を使わない生活を心がけています。

「自分でエネルギーを作ると、使い方も考えるようになる。冬はガスの発生が少ないから、煮炊きはペチカで薪を燃やすなど別のエネルギーを使う形も考える。農村では身近で手に入るものをうまく利用すれば、それほど電気や化石燃料を使わなくても生活できるのです」（小野寺さん）

このような小野寺さんの考え方は、農業や暮らしに対する姿勢とも共通しているようです。

小野寺さんは、もともと神奈川県で生まれ育った非農家です。高校時代、農業に関心を持ち、東京農業大学に進学しました。農業に惹き付けられたのは、「自分で食べるものを自分で作りたい」という思いと、「職業を選ぶとしたら、結婚しても子どもができても続けていける職業がいい」という思いからだったと振り返ります。

「農業をやりたいなら、農家にお嫁に行くしかないと言われた時代。そうではない道はないのか。とにかく踏み出さないと始まらないので、まずは大学で農業を学ぼうと思ったのです」（小野寺さん）

しかし、大学では期待していたほど農家になるための実践的な学習は多くありませんでした。たまたま興味を持った活性汚泥の研究にのめり込み、大学卒業後は、活性汚泥の知識を生かし、廃水処理の研究スタッフとして企業の研究部署で勤務していました。後日談になりますが、このときに得た微生物の基礎知識は、後にバイオガスプラントに挑戦する上で大きな力になったようです。

企業に就職したものの、やはり農業への思いを断ちがたく、「このまま顕微鏡を眺める研究生活でいいのか。やめるなら早くほうがいい」と2年で退職。その後、日本各地を歩きながら、どこでどんな農業ができるのか、自分自身の目で確かめました。

「一番長くいたのは、青森県の牧場です。そこで野菜づくりを手伝わせてもらった経験が、その後の私の農業技術の基本になりました」（小野寺さん）

その牧場で、後に夫となる哲也さんと出会い、意気投合。知人を通じて三宅島の農地40ａを購入し、1976年、ふたりで独立就農しました。電気も水道もなく、ランプと天水での暮らしでしたが、「卵と野菜と牛乳があれば、とりあえず生きていける」と、牛1頭と鶏を数羽から飼い始め、生乳出荷の他は、自給用の米と野菜を作る生活を始めました。しかし、水のない島では米の栽培が難しく、1年であきらめました。

現在住んでいる伊那市に移住したのは、1981年。3人の子どもに恵まれ、より子育てと農業環境の良い場所を求めて全国各地を車で回った末、やはり知人の紹介で伊那市内の酪農家から牛舎の一部を借りることができたのです。北海道から経産牛10頭を導入し、伊那での新たな生活が始まりました。

現在も、現金収入は生乳出荷による収入だけで、有機栽培で育てる米と野菜は自給用。他に、地域の仲間8人で「共同畑」を作り、ジャガイモ、白菜、大根などの貯蔵野菜は共同で栽培し、収穫物を分け合っています。

食にしても、エネルギーにしても、小野寺さんの考え方の基本にあるのは、「自給」という概念です。生産と同時に、消費のあり方も考えることが大事ではないか。それが、自らエネルギーを作ることの大きな意味だと小野寺さんは言います。

「メガプラントをどんどん作って、『作れるだけエネルギーを作るからどんどん使いなさい』という社会の中で、お金さえ払えばスイッチひとつで電気がつき、コックをひねればガスが出る暮らしをしていると、どこで何を作っているか、どれだけあるかを考えないで際限なく使ってしまいます。そうではなく、使い方次第では、それほど電気のいらない社会を作り出せると思うのです。もし今後、うちで太陽光発電に取り組むとしても、売電はせず、自分のところだけ賄う〝自立型〟にしたい。自分で発電した電気をどう使っているか、自分で見えることが大事だと思うのです」（小野寺さん）

もともと農村では、薪炭や用水、家畜など、身近な資源で動力や熱エネルギーを生み出し、活用してきたはずではないか。自分でエネルギーを作り出す行為は、石油文化・原子力文化の発展とともに、消費一辺倒になってしまったエネルギーと農村の暮らしをもう一度見つめ直すことにつながるのではないか。小野寺さん家のエネルギー自給の取り組みは、私たちにそう語りかけているかのようです。

6　小規模バイオガスプラントの新たな動き

小型バイオガスプラントをめぐって、もうひとつ新たな動きが生まれています。兵庫県神戸市にある弓削牧場が、帯広畜産大学の梅津一孝教授、神戸大学の井原一高助教らの協力を得て、日本の気候に適応した小型バイオマス・キットの開発を進めています。

弓削牧場が、バイオガスプラントの導入を考え始めたのは、6年前の2008年。きっかけは、牧場と市街地を遮っていた丘陵が開発で削られ、悪臭対策が必要になったことでした。

弓削牧場の創業は、1943年。70年、都市化の波に押されて創業地から現在の場所に移転しました。約9haの牧場では、搾乳牛37頭、育成牛13頭が自然放牧されています。牧場内にはチーズ工房やレストラン「チーズハウス・ヤルゴイ」もあり、酪農・加工・飲食業までを手がける六次産業化を構築しています。

移転したばかりの頃は、周囲に宅地はなかったそうですが、あっという間に宅地開発が始まり、現在はニュータウンと隣接する場所に様変わりしました。弓削牧場では、それまで、糞尿を堆肥化して牧場内の農園に還元していましたが、単位面積あたりの飼養頭数が少ないこともあって、丘陵があったときには、悪臭への苦情が一件もありませんでした。しかし、丘陵が削られると風向きが変わり、より徹底した悪臭対策が必要になったのです。

「ここを桃源郷のような場所にしておきたい、一軒でも悪臭で迷惑をかけるような場所にはしたくないという思いで調べているうちに、バイオガスにたどりついたのです。東日本大震災以降は、エネルギー自給という視点からも、早く導入したいという思いが強まりました」と、弓削牧場を経営する弓削忠生さん、和子さん夫妻は言います。

日本国内の小規模酪農ではどのような実践ができるのか、調べているうちに、帯広畜産大学に60頭規模のプラントがあることが判明。さっそく、このプラントを手がけた同大学の梅津教授に電話すると、即座に協力を約束してくれました。

調査費用を工面するため、近畿農政局に相談し、08年、農水省の広域連携共生・対流等推進交付金事業に応募。梅津教授、神戸大学の井原助教、さらに帯広畜産大学と連携するシンクタンク・バイオマスリサーチ㈱との共同で、3年間の調査研究事業がスタートしました。

牛の糞尿、チーズの製造過程で生成されるホエー（乳清）、搾乳ロボットの洗浄廃水、レストランの残飯などをメタン発酵させると、1日約60㎥のバイオガス発生が見込めるという推計値を得て、これらのデータを元に、プラント設計までこぎ着けましたが、ここで一時暗礁に乗り上げました。

最大の問題は、50頭規模という小規模プラントが日本国内ではなかなか入手できず、一から造ると建設に2億円近い費用がかかるという見積もりが出たのです。また、当初は、発電設備のあるプラントを考えていましたが、小規模では採算性が悪いことも判明しました。

いったん計画を白紙に戻し、12年、最も効率的にガスを発生させるには、牧場内から出る原料をどう配合すればいいのか、実証試験を開始。平行して、フランスやオーストリアなど海外視察を重ねたり、自分たちで使いこなせる小規模なプラントを求めて調べるうちに、中国やインド、ベトナムなどでは小規模なバイオマス・キットが商品化され、実際に利用されていることもわかったと弓削夫妻は話します。

なるほど調べてみると、たとえば中国では、「バイオガス・マイクロ・ダイジェスター」という名称で、畜産バイオガスを炊飯・暖房・照明に利用する小規模な装置があり、政府も石炭消費削減につながるとして補助金を出して推進しています。ちなみに、09年、重慶市での同装置の設置推進プロジェクトには、日本の外務省も2000万円を助成しています。

ベトナムでも、「バイオガス・ダイジェスター」の名称で、畜産バイオガスを家庭用の熱源として利用する装置があり、カントー市での導入推進事業には、日本の（独）国際農林水産業研究センターがかかわっています。

小型バイオマスプラントの開発・導入に、海外では日本の技術力や資本が生かされているのに、お膝元の日本では、大規模プラント開発ばかりが先行し、個別農家が利用できるような等身大プラントの商品化が進んでいないとは、なんとも不思議な気がします。

事態が大きく動き出したのは、2014年。梅津教授から、タイにあるチェンマイ大学の研究を通じて、弓削牧場の規模に見合った小型プラントを見つけたと連絡があったのです。さっそくこのプラントを取り寄せて共同研究に乗り出すことになりました。

このプラントを海外から取り寄せ、梅津教授らが日本の気候に適応した形に改良した上で導入し、弓削牧場で実証実験を行う予定です。六甲山北麓にある弓削牧場の場合、冬は気温が氷点下になることもあるため、断熱設備などを新たに装着する必要があるといいます。

2014年度内のプラント導入を目指していますが、やはり土塊牧場と同様に、発電設備は装着せず、バイオガスを燃料として熱利用するシステムです。弓削牧場では、新たに加温ハウスを建設して、この熱を利用する予定です。

「酪農経営という視点からも、バイオガスは大きな可能性を秘めていると思います。もともと酪農は、牛の生み出す資源をどう経営に結びつけるかが重要なポイント。その意味で、まだ手つかずで残っている最後の資源が、牛の糞尿なのです」と忠生さんは言います。

ホエーを使ったレストランのレシピ開発、ホエーせっけん・化粧水などの商品開発は、チーズ製造過程で出るホエーを廃棄せず、牧場内で余すところなく使って酪農経営に生かし、同時に資源循環の輪を築く試みでもありました。今度は、糞尿から生まれるバイオガスや液肥をどう酪農経営に生かせるか。中小規模が多い北海道以外の酪農家にとって、弓削牧場の挑戦は、大いに参考になりそうです。

3章　再生可能エネルギーは農的暮らしの中にある

1　山の恵みをエネルギーに変える

金山杉の産地として知られる山里、山形県金山町。その町の中でも山際にある杉沢集落で、農林業を営んでいる栗田和則さん、キエ子さん夫妻の家の居間には、大きな薪ストーブがあります。もちろん、燃やす薪は、和則さんが山から切り出し、薪割りをして蓄えた薪です。

しかも、この薪ストーブの煙突には、なにやら不思議なステンレスの管が巻き付いています。これは、煙突の熱を利用して水を温める〝湯管〟。温められたお湯は、そのままお風呂のお湯として使えるように配管されています。居間にある暖房用の薪ストーブが、冬期間、お風呂や台所への給湯システムとして機能も果たし、さらに、調理用コンロにもなっています。

栗田和則さん・キエ子さん

キエ子さんにとって、結婚して最初の仕事が、このストーブに火を入れ、ストーブの上でご飯を炊くことだったそうです。薪ストーブの熱を、余すところなく使い切るこの仕組み。栗田家では、1954年頃に考案して、今の仕組みの原型となるシステムを自分たちで作り上げたといいます。

「部屋を暖めるだけでなく、お風呂がわいて煮炊きもできる。でも、今のストーブの煙突の大半は、やけどしないように、触っても熱くない煙突になっているそうですね。うちの場合、熱を使うための一連のつながりを考えているけれど、部屋の暖房は暖房だけの器具、煮炊きは煮炊きだけの器具。なぜつながらないのかなという気がします」と話すキエ子さんに、和則さんが「余熱の利用を考えるべきだよね。北欧は、暖房も煮炊きもできる仕組みになっているそうだよね」と応じます。

栗田家の敷地内には、B＆Bの宿泊用ログハウス「ログ・フェーリエン」、さらに、藍染め工房と研修棟を兼ねた「ログ・えとわす」があります。どちらも、栗山家の山から60年杉を間伐し、自分たちで描いた設計図を元に手造りしたログハウスです。

藍染め工房では、和則さんが栽培した藍からスクモを作って藍建てし、キエ子さんが藍染め教室を開催しています。森とともに生き、米や野菜や山菜を作って会員制の消費者に届け、藍を育てて布を染め、訪れる都市部消費者と交流しながらの暮らし。栗田さん夫妻は、「ここを拠点に農山村の豊かさとは何かを考えたい」と、１９９２年、「暮らし考房」の看板を掲げました。和則さんは、山形県グリーンツーリズム推進協議会の会長も務めました。

「暮らし考房」のキーワードは「自創自給」。和則さんが考えた造語です。

キエ子さんは、福島第一原発事故後の２０１２年に「最上地域の自然エネルギーを活かした暮らしのモデル」を策定した「もがみ自然エネルギー等利活用検討委員会」の検討委員を務めました。にわかに脚光を浴びた再生可能エネルギーですが、「今の暮らし方は、別に私が作ったわけではなく、私が結婚してここに来る前から、栗田家では、じいちゃん（義祖父）の代から、ずっとそうだったのです」

とキエ子さんは言います。

2　「薪」と「味噌」の教え

「うちには、70年ものの薪がまだ2年分も、木小屋に残っているんですよ」

と夫の和則さんは笑います。1942年、第二次世界大戦の最中に、和則さんの祖父が、「大変な時代になった」と、ふた冬がかりで薪を蓄えたのだそうです。

栗田家は、水田2、3 haと約50 haの山林を所有する農林家。数字だけ見れば、水田面積は、全国の平均経営面積よりも広いのですが、圃場整備されたところでも1筆10 a区画。2、3 haが23～24筆の圃場に分散しています。かつては124筆にも分かれていたといいますから、どれだけの山間地か想像がつくと思います。

和則さんは、栗田家の9代目。父親が、第二次世界大戦で右足大腿部切断という重い戦傷を負ったこともあり、1961年、中学を卒業すると同時に、定時制高校に通いながら、15歳で家業の農林業を継ぎました。高度成長真っ盛りの時期。多くの若者が都市に流出する中、和則さんは山村でいかに生きるかをずっと考え続けて来ました。

「山で暮らすとき、大事なものとしてじいさんから教えられたのは、ひとつが薪。もうひとつが味噌でした」（和則さん）

70年ものの薪がある木小屋

暮らしに窮すると、最初になくなるのは薪だと教えられたのだそうです。あまりに身近な存在のため、暮らしに余裕がなくなると、最初に手を抜きがちなのが薪集め。そのため、生活に窮しているひとほど、雪が降る頃になって慌てて薪を集め、十分に乾燥していない薪を焚くことになってしまうというのです。

「だから『生木を焚く』というのは、恥ずかしいことだったのよね」とキエ子さん。

もうひとつの味噌は、塩を保存するためのものだったのではないかと和則さんは言います。

「昔は、ワラを編んだカマスに入れて塩を運んだから、そのままにしておけば溶けてしまうでしょう。だから味噌に加工して塩を保存したのだと思うのです。味噌も、60年以上たって真っ黒になったものが、うちにはまだありますよ」

杉沢集落では、仕込んでから3年たたない味噌は食べないのが一般的で、かつては「10年味噌」が一般的だったのだそうです。集落内で葬儀があるときは、それぞれの家が味噌漬けを持ち寄り、赤飯を食べるのが風習でした。黒い味噌ほど保存期間が長く価値があるとされていて、どの家がどれだけ古い味噌を持っているかは、その場で一目瞭然。古い味噌を持っているのは、「どれだけ塩を持っているか」という豊かさの尺度にもなっていたというのです。

山奥の集落にとって、遠く海から手に入れなければならない塩。逆に、最も身近にありながら、利用できる状態にするまでに時間と手間のかかる薪。どちらも注意してストックしておかなければ暮らしが成り立たない。それが、古くからこの山村で受け継がれてきた知恵であり生活文化で、栗田さん夫婦は、今もその文化を守り続けています。

「もちろん石油も使っていますよ。でも、おかしいと思いますよ。すぐ裏庭に木がたくさん捨てられているのに、それを使うよりアラビア半島から持って来た石油のほうが、エネルギーとして合理的というのは。お金の計算だけしたら、確かにそのほうが合理的なのはわかります。今の再生可能エネルギー・ブームも、石油の値段が上がってきたからバイオマス、という話になりがちですよね。使う側も、ガソリンや灯油と比べてどちらが安いか、補助金はどれだけ出るのか、という話になる。金銭面での損得だけを見たブームは、石油価格が落ち着けば、一気にしぼむのではないでしょうか」

和則さんは、再生可能エネルギーをめぐる昨今の狂騒を、醒めた目で見つめています。実際、１９７４年のオイルショックの際には、高度成長期以降、石油ストーブに席巻されて薪炭利用が消えつつあった杉沢集落で、一時期、石油ストーブから薪ストーブに戻るひとが相次いだそうです。

「だって、そばに薪があるんだもの（笑）。何よりも、その暖かさがほっこりとして、石油ストーブと明らかにちがうと気づいたようです」とキエ子さん。その後、石油価格が落ち着くと、再び石油ストーブの利用者が増え始め、今は薪ストーブの利用者が5戸前後に減っているといいます。石油価格の変動によって、すぐに代替エネルギーに切り替えられるところが、ストック資源を持つ山村の強みともいえますが、「木を切って集めて乾かして、どこかに保管する作業を考えたら、稼ぎに出る人の感覚では『薪割りにかかる作業時間、外で働けば何千円稼げるか。そのお金で灯油が何リッター買えるか。その計算をしたら、石油を使うほうが安く上がる』となる。事実、今まではそうでしたから」（和則さん）

それでも、栗田さんたちが、薪を利用し続けるのはなぜなのか、聞いてみました。

「外に稼ぎに出ずに、ここで仕事をして暮らしているからでしょうね。農閑期になれば薪を集める。そこにお金が介在していないから、やっていられるのだと思います。それと、なにより『もったいない』という気持ちでしょうか。集めさえすれば、薪としてエネルギーになる。それを捨てておいて灯油を買うのは、もったいないと思いませんか」

冒頭でも紹介したように、栗田家の暮らしは、「自創自給」。経済効率よりも、自分たちで創り出したものを使う暮らし方を大切にするという意味です。「自分たちで創り出すことに喜びがあるし、それを使えることが幸せなこと。その繰り返しの日々といったらいいのかな。薪を焚いてきたのも、その延長にあるのです。藍染めも、藍を栽培してスクモを作り、藍建てして染めるまで3年かかるわけですが、そういうことをやれること自体が、山里に暮らしてこその幸せだと思うのです」（和則さん）

3　薪と太陽熱エネルギーが暖房・給湯源

再び、栗田家のエネルギーに話を戻しましょう。居間には、暖房と冬の給湯と調理用コンロを兼ねた、大きな薪ストーブがデンと構えています。冒頭で紹介したように、給湯できる薪ストーブを考案したのは1954年頃のことです。

「最初はドラム缶を改造したストーブでした。ドラム缶の中に銅管を巡らせ、そこにお風呂の水を引き込む管を付け、薪を焚くとお湯が沸いて自然にお風呂の水が循環する仕組みで、祖父が鍛冶屋に頼んで作ってもらったものでした」（和則さん）

ストーブがあるのは、もともとは囲炉裏だった場所。暖房を兼ねているから、居間のど真ん中にありますが、「冬はい

煙突には湯管を取り付け、白い配管で風呂に給湯

居間に据えられた北欧製の薪ストーブ

いけれど、夏でも、『暑い暑い』といいながら火を焚かないといけなかった」とご夫婦は笑います。

そこで考えたのが、70年代に出始めた太陽熱温水器。夏は居間で薪を燃やすより、太陽熱でお湯を沸かせばいいと、「おそらく金山町では、一番早く太陽熱温水器を入れました。75年頃ではないかと思います」(和則さん)

これで、夏に居間でストーブを焚かなくてもすむようになりましたが、面白いもので、それまで毎日焚いていたストーブを夏に焚かなくなったとたんに、ストーブが故障。

「それで、箱形の国産薪ストーブを買ってきて、煙突の余熱でお湯がわき、お風呂と台所の給湯ができるようにしたのです。99年には、今の北欧製の大きなストーブに切り替えましたから、今のストーブが3代目ということになりますね。湯管は、あとで取り寄せて据え付けたものです」(キエ子さん)

10月10日を過ぎたあたりから5月半ばの田植え時期までの約7ヶ月は、この薪ストーブがお風呂と台所の給湯の熱源。春と秋だけ太陽熱温水器に切り替えられるように水道の弁を取り付けたそうです。

冬は朝起きると、すぐにストーブに火入れするため、ガスの使用量は夏の半分で抑えられます。夏の太陽熱温水器も、暑い日にはお湯が50℃以上になるそうで、「そのときは水で薄めて使っています」(キエ子さん)。給湯という点で見れば、太陽光発電のエネルギーでお湯を沸かすより、太陽の熱エネルギーをそのまま使用するほうが、圧倒的にエネルギー効率は高いのです。

近年注目されているペレットストーブや木質チップに薪を切り替えるつもりもありません。わざわざ加工コストをかけなくても、自分たちが手間暇を惜しまなければ、薪で十分というのが栗田家の考え方です。

金山町では、3尺（約90㎝）の長さの薪を5尺幅（約1・5ｍ）で5尺の高さに積んだものを「1棚」という単位で呼ぶそうですが、栗田家で使用する薪の量は、ひと冬で5棚。身の回りに、薪になる木は無尽蔵にあるので、手間さえ惜しまなければ、この暖房・給湯システムの運転コストはゼロ、ということになります。

「薪はいいけれど灰汁の始末が大変というひともいるし、火が燃えているときに家を留守にするのは怖いというひともいます。ペレットのほうが火を消しやすいというのはあるのかもしれませんね。薪ストーブを焚くというのは、家族の誰かが基本的に家にいるというのが大前提。それができない家は、なかなか踏み切れないかもしれません」（キエ子さん）

その意味では、自宅を基盤に、仕事と暮らしが一体化していることが、薪ストーブの利用を支えているともいえるのでしょう。

4　山の潜在能力を引き出す農林業経営

当然ながら、栗田家は単に「自給」だけで暮らしているわけではありません。薪や味噌は、栗田家のストック経済を支えている要素。一方、現金収入を確保するフロー経済の面でも、栗田家は独創的な取り組みを続けて来ました。

林業と米とともに、最初の複合経営の品目になったのは、山から切り出した原木でのナメコ栽培。栗田家では冬期の仕事として1950年代から栽培に着手し、63年には、当時普及が始まったばかりの菌床栽培にいち早く切り替えました。

さらに、86年には、集落の仲間に呼びかけて山菜研究会を組織し、休耕田での冬期のタラの芽ハウス栽培に着手。後進産地にもかかわらず、他の産地より厳しい規格を設定することで「質の金山」としてのブランド化に成功し、市場でも最高値で取引されるタラの芽産地に育て上げました。

ただし、ここでも、売れるからといって右肩上がりの規模拡大を考えないところが、栗田さんご夫婦らしいところです。

「家族経営では生産量に限界があり、農産物は食品としての価格限界があります。所得が年々伸びるということはありず、むしろ努力するほど早く限界に達する。作物を作る楽しみを見いだせなければ、生産を持続することは難しいと思ったのです」(和則さん)

そこで、タラの芽栽培に楽しみを付加する仕組みとして、88年に「タラの芽は女性が主役」というキャッチフレーズを作り、女性の名前で口座を作り、女性の名前で出荷して女性の口座に売上を振り込む運動を展開。それまで通帳を持たなかった女性たちのやる気を引き出しました。

翌年には「タラの芽植えて海外に行こう」をキャッチフレーズに、1パック5円の「タラの芽基金」の積み立てをスタート。91年、山形県グリーンツーリズム研究会の立ち上げにも参画し、4年後の93年には、県・町・JAなどの資金協力も得て、まずは女性たちの12日間のヨーロッパ視察旅行「ちょっと駆け足ヨーロッパ」を実現。さらに、中国産農産物輸入が脅威になり始めた98年には「おやじたちの中国」として男性中心に中国視察を実施。02年には「女たちのアメリカ西海岸」……と、海外視察を続けて来ました。

タラの芽基金は、自分たちで資金を作り、企画をたてて海外を旅する楽しさを生み出し、海外から日本を俯瞰する視野を養うことにもつながったのです。とくに、ドイツでの農家民泊の経験は、杉沢集落ぐるみでグリーンツーリズムに取り組むきっかけにもなりました。

99年には、金山町に自生するイタヤカエデの樹液からメープルシロップを作れないかと「メープルサップ(カエデの樹液)研究会」を立ち上げ、「メープルの里づくり」に着手しました。この年、樹液の風味をそのまま生かした「メープルサップふうろ(楓露)」、04年には樹液を使った「メープルビール楓酔」を商品化しました。

樹液100％の飲料水「きさらぎふうろ」

メープルビール「楓酔」とエゾウコギエキスを加えた「楓仙」

フレーバービールは世界でも珍しくありませんが、カエデの樹液を使ったビールは世界初といわれています。この取り組みが各地の山村に知られるようになり、08年には「日本メープル協会」も設立され、全国レベルでのネットワークが生まれています。

また、和則さんは、10年、全国8地域の農業生産者・地域おこしグループが出資して東京・丸の内に開店したレストラン「にっぽんの……」の運営にもかかわっています。各地の特徴ある食材を集め、その土地の食べ方で提供することで、地方の文化を伝えるのがレストランの目的。この店を訪れた都市部の消費者と、運営に参加するメンバーが住む地域をつなぐ、交流のきっかけづくりのプロジェクトです。

これらの取り組みに共通するのは、山をいかに活かすかという視点で、自分たちで仕事を創造してきているということ。さらに、生み出した商品の販路は、消費者との交流の中で培ってきた人脈に支えられていることです。

林業に対する和則さんの意識の変化も大きかったようです。

「高校を卒業した長女が上の学校に行きたいと言い出して、やむをえず、木を切ってお金を作りました。林業が大事だと山で働いてきた私は、木を食わなければ生きられず、山の手入れをせず日銭を稼ぐひとは木を切らずに残せる。そのことに矛盾を感じ、どうすれば、山仕事をしながら木を切らないで残せるか考え始めたのです」（和則さん）

ちょうど杉の適地は植え尽くしていたこともあり、以後は植林を拡大せず、広葉樹や今ある森をそのままの形で生かせないかと、和則さんは考えました。杉を植えて〝切る林業〟から、広葉樹を生かした〝切らない林業〟への転換です。その最初の試みが、広葉樹の伐採後に生えて来るタラノキを利用したタラの芽栽培であり、次のステージが、自生するイタヤカエデの樹液を採取・加工し、商品化に取り組む「メープルの里づくり」だったのです。

樹液の採取も、カエデの成長にできるだけ影響がないように、樹齢30年以上、直径25cm以上の樹木に限定し、しかも樹液の採り口の穴を開けるのは一箇所だけと決めています。木に負担をかけなければ、採り口の穴の傷は2年後にはふさがるのだそうです。

ストック経済もフロー経済も、山の恵みにこだわる暮らし。栗田さん夫妻が考える視点は常に、「この地でいかに暮らしを立てるか」なのです。

「土地と係わる暮らしを捨てたら、山村で暮らす意味がなくなる。町で仕事をしていたら、山村にある農地や山も、学校も病院も買い物も、みな町に移ってしまい、山村で暮らす必要がなくなってしまうでしょう。山村で暮らし続けると決意を固めることは、この土地との係わりの中でどう仕事を創っていくかということでもあるのです」

と和則さんは言います。エネルギーとしての薪にこだわる暮らしも、その価値観の中にあるのです。

5　再生可能エネルギーは農的暮らしの中にある

もともと山村では、薪炭エネルギーが身近に使われてきました。山村の近代化は、暮らしに根付いた文化から離れ、地域資源を活かす生活技術を手放してきた歴史でもあります。

「我々の若い頃、百姓の魅力は、食べるものを創れることと、他人に使われないことだと教えられてきました。ところが、いつの時代からか、食べるものより売れるものを作れということになった。売れるものを作って、あとは買えばいいと。

結局、お金に使われ、出荷販売するための労働に追いまくられ、昼はコンビニ弁当やカップラーメンを食べる生活に変わった。エネルギーという点でも同じ。農業の一番の魅力を捨ててきてしまったんですよ」（和則さん）

今、栗田さん夫婦は、さらに電気の自給もできないかと模索を始めています。エネルギー源は、家の敷地内の山手側を流れる水路。「入り水堰」と呼ばれ、江戸時代から生活用水と農業用水を兼ねた水路として使われてきたもので、今でも野菜の洗い場や冷やし場として活躍しています。農家民泊の常連客でもある建設技術者のグループに相談すると、さっそく水路の流量調査をし、発電可能量を割り出してくれたそうです。今のところ、自給といえるほどの発電量を確保するのは難しそうですが、それでも、「自分でポンコツを集めて、いつかは水車をやりたいと思っているんです。夢ですけどね」（和則さん）

福島第一原発事故以降の再生可能エネルギー・ブームは、改めてエネルギー源としての森林資源の価値が見直されるというプラスの側面も生み出しました。しかし一方で、補助金によって大型施設を作り、運転コストも補助金頼みの場合、もし補助金がなくなったときに継続できるのかという懸念と背中合わせでもあります。すでに今年9月から、各電力会社では固定価格買取制度による電力買取りを制限する動きが出ており、投資としての再生可能エネルギー事業は雲行きが怪しくなり始めました。

しかし、身近な地域資源を見つめ直し、無理のない範囲で投資し、自給を基本に小さなエネルギーを自ら作る取り組みは、補助金にも電力会社の買取価格にも左右されることがありません。かつての暮らしに戻るのではなく、かつての暮らしの中の知恵を見つめ直し、今に生かすことは、多くの農業者にとって可能ではないでしょうか。

言い換えれば、これは、大規模投資で利益を生み出そうとする「フロー経済」の視点ではなく、いざというときも暮らしを支える、持続可能な「ストック経済」の一環として再生可能エネルギーをとらえる試みでもあるのです。

4章　農村の再生可能エネルギー：次の世代の挑戦

これまで、自らの農業経営の中に再生可能エネルギーの生産や利用を取り入れている団塊の世代の農村女性達を紹介してきました。「団塊の世代は人数が多いからお互いに競争するように育てられ、お陰で実行力がある」とは、第2章で紹介した小野寺さんの弁ですが、だからと言って後に続く世代は行動していないということではありません。再生可能エネルギーの生産・利用を通じた農業振興、地域振興に取り組む次世代の女性達を紹介します。

1　小規模なメタン発酵施設を通じた地域振興を夢見て：多田千佳さんの温泉熱を活用した小規模生ゴミプラント実証実験

第2章で紹介した小野寺さんのガスプラントでは、畜産糞尿をメタン発酵させてメタンガスを作り、これを燃焼させて畜舎に必要なお湯を沸かしたり、調理に使ったりしています。メタンガスは再生可能エネルギー源の1つで、牛のゲップからも水田からも発生しているとても日常的なガスです。しかし、メタンガスをエネルギー源として効率的に使おうとすると、個別の畜産農家や地方公共団体・JAが取り組む畜産糞尿プラント施設も地方公共団体などが取り組む生ゴミプラント施設も大規模なものとなり、莫大な投資が必要になります。これを何とか小規模なプラントにして、地域内での再生可能エネルギーの活用や資源循環が身近にできるシステムが構築できないか、と研究を続けているのが、東北大学農学部准教授の多田千佳さんです。

(1)　実証実験の発想と経緯

多田さんは大学で家畜排泄物処理・堆肥化について専攻し、その後勤務した研究機関でメタン発酵の研究をしていました。メタン発酵をより効率的で安価にできないかと考え、温泉の熱を活用することを思いつきました。温泉地の旅館から出される食べ残しなどの生ゴミは、1日一人あたり平均で700gにのぼるなど量が多く、水分も多いので、処理には費用もエネルギーも掛かります。これを膨大な投資が不要な小規模のメタン発酵施設で処理する仕組みを作ろうとしたのです。

そのためには、クリアすべきいくつかの課題があります。

まず、メタン発酵をすすめるためには加温のエネルギーが必要ですが、これは温泉熱を使うことにしました。次に、生ゴミをそれぞれの旅館などから集める仕組みも必要です。多田さんは旅館のお客さんに自分の食べ残しを生ゴミ発電プラントまで運んでもらえないかと考えました。また、メタン発酵によって発生する消化液の処理が必要となりますが、できれば液肥として有効活用したいと考えました。このように生ゴミのメタン発酵を進めるには、旅館を含めた地域内での合意形成が必要でしたし、一歩進んで、生ゴミをエネルギーに変えることを体験するいわゆるエネツーリズムに取り組むことが地域おこしとなることも期待しました。

メタンガスで点灯するガス灯の前に立つ多田さん

多田さんは、温泉地での小規模メタン発酵処理システムの実証実験を、宮城県大崎市の鳴子温泉で行うことにしました。NEDOの調査プロジェクトでの温泉熱の活用の研究を通じて、鳴子温泉のまちづくりに取り組む「鳴子まちづくり株式会社」の吉田さんを紹介されたのがきっかけです。温泉を活用した町づくりに取り

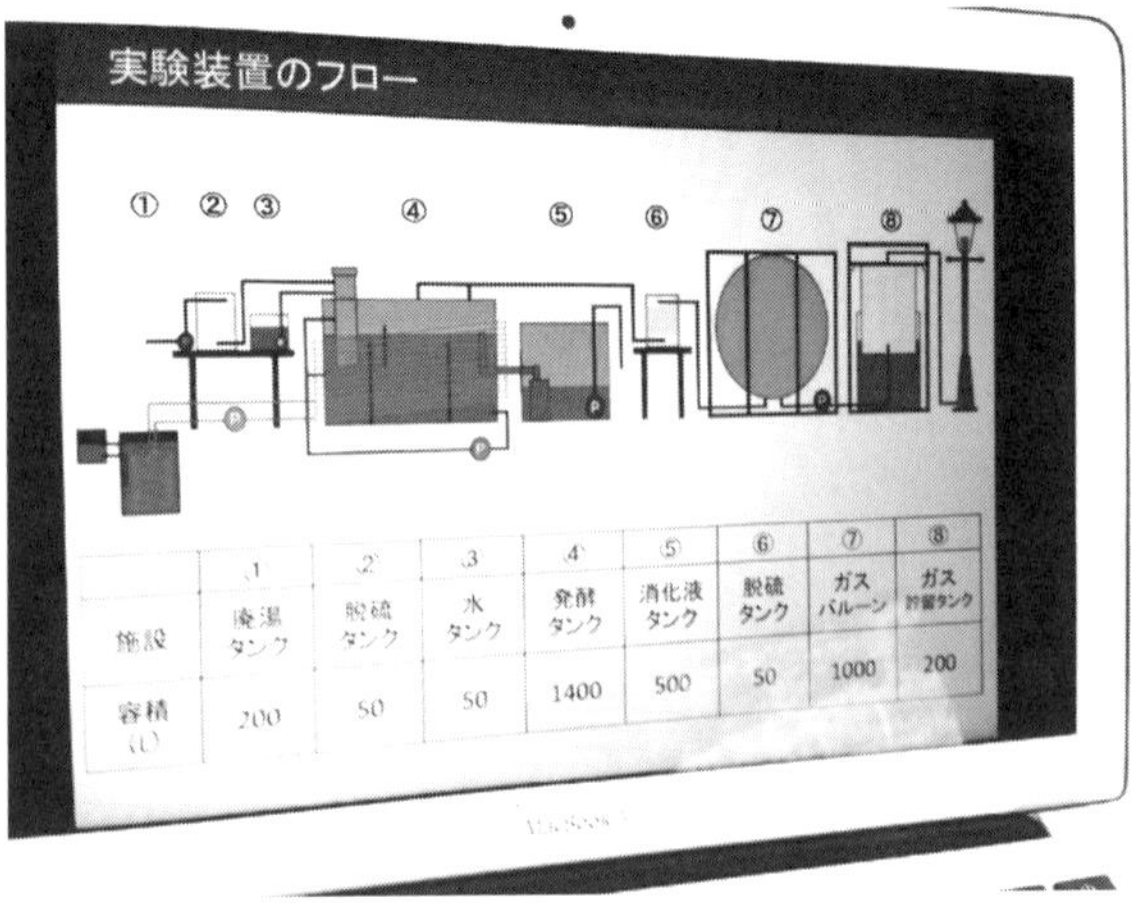

実験装置のフロー

組み、具体的なアイディアを探していた吉田さんは、多田さんの提案を面白いと感じ、大崎市の鳴子支所観光課へ説明する機会を作るなどの支援をしてくれました。そしてその後も地域と多田さんの研究を結ぶ役割を担ってくれています。

大崎市は、もともとバイオマスタウン構想を掲げるなど、再生可能エネルギー活用を積極的に進めてきました。現在、大崎市では、菜の花の生産→食用油の生産→使った後の廃食油を材料としたバイオディーゼル燃料の生産の取り組みに力を入れています。多田さんが行う実証実験についても、大崎市が所有する鳴子温泉の共同駐車場に設けられた足湯を使わせてもらえることになりました。

多田さんは、このような地元鳴子温泉の協力をもとに、環境省に研究費を申請し、２０１０年末に2年間の研究費を得ることが決まり、２０１１年から鳴子温泉でのプロジェクトを始めました。２０１１年には生ゴミの処理能力が1日6kgという小さいメタン発酵施設が稼動しました。奇しくもその直後の２０１１年3月11日に東日本大震災が発生しました。被災地の宮城県でエネルギーが滞る大変さを目の当たりにし、多田さんは身近な資源を使った小規模なエネルギー生産の重要性への認識を深めました。

２０１１年6月にはガス灯の点灯式をしました。この実証研究では高い評価を得ることができました。その後、復興関連予算として文部科学省のプロジェクトの1つとして採択され、現在はそれを使った第2期の実証実験を行っているところです。

（2）多田さんの実証プラントと地域との関わり

鳴子温泉に多田さんのプラントを実際に見に行ったのは2014年の7月末で、メタンガスを使ったカフェ「ene・café METHAN（エネカフェメタン）」が7月1日にオープンした直後でした。駐車場の一角に作られた小さなカフェとコンパクトな発酵施設、生ゴミの投入口である木製の小さな塔とその隣に立つガス灯という設備は、第2期の実証実験で整備したものです。カフェでは、生ゴミを発酵させて発生したガスでお湯をわかし、それでお茶が飲めるようになっています。第1期の施設は、生ゴミから発生したメタンガスを使ってガス灯を点灯するだけで、夜しか成果が見えません。カフェにすることで、実際にお茶を楽しめたり、昼間でもガスの発生を感じられるなど、普及効果が高まります。カフェがオープンすると、マスコミの取材などにより、「生ゴミがお茶に」などと多田さんの取り組みが取り上げられ広く周知されるようになりました。地元の鳴子温泉に住む主婦を研究補助員という形で雇い、カフェの管理とともに、訪れた人への設備の説明などもしてもらっています。一方ガス灯の方は夕方と朝に2時間づつ、タイマーでセットして点灯しています。

現在の施設は最大で生ゴミが12kg投入できます。1日概ね12kgの生ゴミを入れ、平均1・3㎥のバイオガスを発生させています。このシステム全体を作るための費用は、材料費や工賃を含めて370万円程度です。システム自体は、多田さんと一緒に研究に取り組んでいる鈴木さんが、ドラム缶などを使って組み立てました。量産すれば、発生したガスをためるバルーンなどの価格はもっと下がりそうです。投入した生ゴミのメタンへの返還率は85％と高く、原料が有効に活用されています。またこのシステムではスラッジが出ないそうです。

一方、消化液は毎日50ℓ発生します。消化液の多くは大学に持ち帰って分析をしていますが、組成は窒素0・9％、リン0・02％、カリ0・19％くらいで重金属は肥料取締法の基準値以下となっています。一部は、カフェの横に置いた8株のミニトマトに撒いています。比較のために、消化液を使ったトマトと使っていないトマトを作っています。また、消化液をペットボトルに詰めておき、自由に持っていけるようにしています。最近、これを持ち帰る人が増えてきました。多くは地元の人が家庭菜園用などに持ち帰るのですが、水田に使いたいという人も出て来ているそうです。また、大学が地域と一緒に取り組んでいる菜の花プロジェクトの畑で使うことも提案しているところです。問題は、消化液を肥料として使う時期は限られており、それ以外の時期にどうするかということです。

この実験システム全体のエネルギー生産量が、10年で設備投資を改修するには少し足りないことも課題です。多田さんは、エネルギー生産量とゴミ処理量を多くすることで、年間の収入を増やし、10年で減価償却できるようにしたいと考えています。そのためには、生ゴミの投入量を今の1日12kgから15kgくらいに増やす必要があります。

（3）地域とのかかわりと今後の展望

さて、実際に実験プラントを稼動させてみて、当初の計画通りいかなかったのは、「食べ残しを旅館のお客さんに持って来てもらう」というアイディアでした。計画を進めている段階で、周辺の温泉地区も含めた旅館全部を対象にアンケート調査を行いましたが、旅館の客に生ゴミを運んでもらうという案に賛同はほとんど得られませんでした。協力しても良いと言ってくれた旅館に、実際に生ゴミ持ち運び専用の紙袋と手提げを置いてみましたが、持って来る客はほとんどいませんでした。

個別の宿泊客をターゲットにしても全く生ゴミが集まらないことが分かったので、環境省が支援しているエコツアーとしてのモニターツアーや、大学などのメニューに入れてもらいました。ツアー参加者に、多田さん自身が設備の説明を行い、鳴子で滞在した翌朝生ゴミを持って来てもらい、ガス灯がつくのを見る、といったような企画です。この企画に対する反応は上々で、例えば震災復興のために訪れた韓国の学生などが来てゴミを入れてくれました。また、鳴子温泉の観光ボランティアが案内する際にもメニューに取り入れてもらいました。やってみると、特に70～80代のお客さんの方から、いいね、面白い取り組みだねという反応が得られました。

一方、それだけでは生ゴミが量的に足りないので、協力を申し出てくれた周囲の旅館2軒、レストラン1軒から、鈴木さんが生ゴミを回収しています。実証実験のデータをとるため、集めた生ゴミは凍らせて、中身を分析した上で、投入しています。

第2期の実証実験で作った、メタンガスで涌かしたお茶が飲めるカフェがマスコミなどで取り上げられると、急に地元・地域に住む人が生ゴミを入れてくれるようになりました。カフェの近くに住む人達が毎日5～6人ほど、散歩ついでに入れてくれています。地元の人の参加によって、1日10kg程度のゴミが投入されるようになりました。というわけで、当初は旅館の宿泊客をターゲットにしていたのが、地域の人から集めるようになりました。その結果、集まるのは「食べ残し」ではなく「生ゴミ」となりました。本当は、「生ゴミ」よりも「食べ残し」の方が、ご飯などが多く入るのでガス発生能力は高いですが、生ゴミでも十分にバイオガス生産はできるそうです。

エネカフェメタンの様子

生ゴミであれば何でも良いのではなく、微生物による分解が難しいものは入れないように頼んであります。また、貝殻は大量に入ると液肥の重金属の含有率が上がるので入れないように、また大量に塩分が入っているもの、大量の魚のアラや内蔵は微生物が活動できないので入れないようにと頼んでいます。

「エネカフェメタン」は会員制で、2014年10月現在で多田さんの活動に賛同する460人が会員になっています。会員は生ゴミの投入と引き換えにお茶が飲めます。会費は無料で、会員になると会員証換わりのエコバックをもらいます。大学の実験施設であり、細かいお金は集めにくいので、客からお金をとらないで運営しています。多田さんは平成27年度からは、地域の企業やＮＰＯ法人などにカフェの運営を委託したいと考えています。

このように、多田さんの取組は、少しづつ地域に浸透してきています。多田さんの施設に隣接して、大崎市が運営する共同の足湯があるのですが、その横には温泉熱を活用した野菜乾燥施設や温泉卵を作る設備が設けられています。町は、このエリアをゆくゆくはエネルギーパークにしたいと構想しており、大崎市長や市議会議員が多田さんの取り組みを支持してくれているそうです。

一方、温泉街の関心は何よりもお客さんをどうやって集めるかであり、多田さんは、メタン発酵システムを集客につなげる効果的な方法を模索しているところです。このプロジェクトを開始する当初は「鳴子まちづくり株式会社」の協力で旅館への説明会を開催しましたが、５人程度しか集まらず、そのうち2人が賛成の意をわずかに示す程度でした。しかし、ガス灯を点け、カフェという場を作ったことで、旅館の間に少しづつ関心がひろがってきたように多田さんは感じています。エネツーリズムなどを目的に訪れる宿泊客は増えているようですが、まだあまり多田さんの取り組みに積極的に関わろうとまではいっていないようです。

多田さんは、このような小規模なプラントを普及させ、各地にたくさん設置することで、地域で資源を循環させる新しいライフスタイルを提案したいと考えています。鳴子温泉だけでなく各地の温泉で使えるようにしたいと考えており、実際にいくつかの温泉地から視察が来ています。

多田さんの温泉を活用した生ゴミの実証実験プラントでできたエネルギーは、今のところ、エネツーリズム用の街灯とカフェでこと足りている状況で、他の利用には至っていません。しかし、多田さんの取り組みは、大崎市、ボランティア、大学、地域の農家、旅館、住民など様々な連携を生み出し、小規模な再生可能エネルギーの生産をきっかけに地域が連携し発展する可能性を示すものとなっています。

多田さんは今、1つの夢に向かって奔走中です。それは、東京オリンピックの聖火をバイオガスを使って灯したいという夢です。たくさんの人が持ち寄ったゴミから生まれたガスで燃える「世界初の再生可能エネルギーで燃える聖火」を東北の地から発信し、東日本大震災の復興の光にしたいと考えています。多田さんをリーダーとする「完全燃焼　2020東京オリンピック聖火をバイオメタンで燃やそう！プロジェクト」は2014年から動き出しており、多田さんは多くの人への参加・応援を呼びかけています。

2　吉村恵理子さんの再生可能エネルギーと地域振興と農村女性

第1章で紹介した山崎洋子さんに、独自の安価な太陽光発電装置を普及している大友さんを紹介したのが、吉村恵理子さん（37歳）です。吉村さんは、再生可能エネルギーでの発電や地域振興を支援する株式会社PTPの代表取締役として東京と福井との間を飛び回る傍ら、全国各地の農村女性を会員とするNPO法人「田舎のヒロインズ」の事務局長という肩書きも持っています。エネルギーにも農業にも関わりの無かった吉村さんが、再生可能エネルギーの生産や、地域の振興、農村女性のグループをサポートするようになった、その経緯を紹介しましょう。

（1）芸術学科の学生から発電事業へ

愛知出身の吉村さんは、東京の大学の芸術学科にいましたが、もっぱら「何か表現したいけどお金がない」若者が集うカフェで働きながら、芝居の制作などの活動をしていました。カフェでは、ホテルの料理長による本格的な料理を勉強する機会もあり、吉村さんにとっては食材に興味を持つ機会となりました。

その後カフェは閉店し、吉村さんは次に、カフェをやっていた仲間のリーダーから「表現の世界でやってきたことは、特定の限られた人としか関わることができず、もっと違ったアプローチで、多くの人達と社会的な仕組みづくりの活動を

吉村恵理子さん

したい。そのために、エネルギー問題に取り組んでいきたい」と誘われ、面白そうだなと参加しました。そして2001年にそのリーダーを社長として3人で始めたのが電気を作る会社、PTPです。とりあえず、電気とは何かの勉強から始めました。

すると、知り合いから自転車発電機を使いたいが、作れないか、との依頼が来ました。会社のあった大田区の町工場に協力を仰ぎつつ何とか自転車発電機を作り、エコライフフェアに出展したところ好評で、環境省などのフェアへの貸し出しの依頼が来ました。地球温暖化問題への関心が最も高まっていた頃で、自転車発電機を借りたいとの依頼が多かったそうです。

「電気は目に見えないので、本当にわからない」と勉強した吉村さんは、実際に自転車発電機を作りつつ、原子力発電や火力発電など巨大なインフラで電気を作るシステムが主流である現状の中で、自分達はどのようにエネルギーに取り組んでいこうか、と考えていました。「原子力発電を含めて、自然のものを活用しないと電気は作れない。それは食べ物もエネルギーも同じなのだ」と、農家や地方を意識するようになりました。地方でエネルギーの取り組みをしようと思っても、いきなり農家に自転車発電機を持って行っても相手にされるわけもないので、「エネルギーなら炭だ」とまずは社長の出身地である福井県の小浜竹炭生産組合に勉強に行き、あるいは福井県の小中学校で自転車発電機を使って出前授業を行うことを契機に、活動の軸足を福井へと移していきました。

(2) 福井県にて：再生可能エネルギーと地域おこしと

吉村さんが第1章で紹介した山崎洋子・一之夫妻と知り合ったのもこの頃です。2004年にPTPは、福井県の旧三国町（現坂井市）の地域おこしを目的とする「三国湊魅力づくりプロジェクト」のコーディネーターを請け負いました。

吉村さんは2003年頃、初めておけら牧場にある交流拠点「ラーバンの森」を訪れました。プロジェクトの一環として、おけら牧場で作ったジェラートを売る店「カルナ」を三国の町中に作ることにも関わりました。吉村さんの三国町の地域おこしは、その後里山保全や町と農村とのつながりを構築する取り組みを経て、江戸時代からの街並みが残る旧三国町の空き家を改修して、住みたい人、店にしたい人に使ってもらうという現在の仕事につながっています。また、最近では、坂井市竹田地区で廃校になった小中学校を宿泊体験施設にし、教育体験プログラムを進めるプロジェクトを担当しており、今後はこの竹田の里の地域おこしビジョン作りにも関わることになっています。

福井での活動の中で、エネルギーとの関わりは、前述の小中学校での出前授業から、子供を対象とした1週間のキャンプで電気や食を体験してもらう形で続いています。同時に、電気の固定買取価格制度が始まる半年ほど前から、この制度についての調査を進め、制度が導入されると、福井の電気通信工事や電子パーツの企業である株式会社マルツ電波が太陽光発電事業を立ち上げるのを手伝いました。株式会社マルツ電波は、まずはやってみようと600キロワットの太陽光発電事業を2012年に立ち上げ、2013年から発電を開始しました。現在では、さらに県内3カ所で太陽光発電事業を行っています。また、株式会社マルツ電波は小水力や木質バイオマスを使った再生可能エネルギー事業にも取り組もうとしています。株式会社マルツ電波の社長は、再生可能エネルギーで県内トップの実績と地域への貢献を目指し、再生可能エネルギーについてのプロジェクトチームを作っています。これに対し、吉村さんは、再生可能エネルギー事業の普及には、企業が地域と一緒になって取り組むことも大切と、地域とのコーディネートや事業の実施に参画しています。

吉村さんは現在、福井県で初めての再生可能エネルギーのための市民ファンドづくりにかかわっています。株式会社マルツ電波や地元金融機関、三国町の町づくりの関係者、山崎一之さんも加わって、2012年8月に「三国湊ソーラーファーム協議会」を立ち上げました。株式会社マルツ電波が2012年に旧三国町に作った600キロワットの太陽光発電施設をモデルケースとして活用しながら、市民発電所建設に向けた市民ファンドについての勉強会や調査を行っています。そこでは、株式会社マルツ電波の持つ信用力を土台に、市民によるエネルギー生産を通じた町づくりを目指しています。

また、株式会社マルツ電波に提案し、木質バイオマス事業として、木質チップボイラーを芦原温泉の各旅館に一基ずつ置くことを計画中です。木質バイオマスの活用については、発電ではなく、熱を活用するのが良いだろうと吉村さん達は考えました。また、国内で木質チップボイラーの拡がらない理由として、ボイラーの値段が高いことと、木質バイオマスに詳しい人でないとボイラーのメンテナンスができないという課題があることに対して、吉村さん達は、ボイラーを使う人がボイラーを所有するのでなく、例えばプロパンガスのように熱供給事業者がボイラーを貸与し、メンテナンスも引き受ける方法でやれば良いと考えています。現在、ボイラーを作る会社数社に参画してもらい、地域でどのように取り組むか検討しているところです。

吉村さん達が目指すのは、民間で取り組む、地域で取り組む再生可能エネルギーです。再生可能エネルギーの取り組みのほとんどが行政主導という現実を打破したいと言います。例えば、オーストリアで協同組合が木質バイオマス活用を担っているように、再生可能エネルギーに関わる人が出資するシステムを考案しようとしています。そのために、まずは、国の関連する実証事業に取り組んでいるところです。

旧三国町にとり吉村さんは「よそ者」ですが、よそ者だからできる役割があると吉村さんは言います。地元の人が抱く地域への思いをまとめてビジョンを作り、具体化するために予算を確保し、組織を動かすにはコーディネーターが必要です。地域の主体的な思いを客観的にとらえて形にする役割を果たすコーディネーターには「よそ者」が良いと吉村さんは感じています。「私は面白いことをやらせてもらっている」と吉村さんは今日も飛び回っています。

おわりに　改めて農村の再生可能エネルギーの生産と利用に向けて

私たちが農村での再生可能エネルギーへの取り組みについて調査をするのは、これが2年目になります。調査をはじめたとき、世の中は「再生可能エネルギーブーム」とも言える状況で、その中で、土地などの資源を持つ農村に熱い視線が注がれていました。しかし、農村は土地などの資源を提供するだけで、発電・売電による利益の大半は都市の大手資本に流れ、しかも、農村で発電した電力も都市部に送られるのでは、農村には何のメリットもありません。農村が真の意味で地域資源を自ら生かし、再生可能エネルギーを地域活性化につなげるための具体的な方向を見いだそうと考えたのが、この調査の始まりです。1年目は、農業者や地域が主体となって再生エネルギーの活用を実践している身近な事例を紹介し、エネルギーの地産地消、農業生産システムの中にエネルギー生産・利用を組み込むような取り組みを目指すことを提案しました（ＪＣ総研ブックレット№2号）。

今回の調査も、その基本的な考え方に違いはありません。しかし、今回農村で女性が再生可能エネルギーの生産と利用に取り組む姿に触れた時、それは、単なる地産地消、農業生産システムの中に組み込まれた再生可能エネルギーではなく、そもそも農村での暮らし方、生き方に組み込まれたエネルギーの取り組みであることを実感しました。「再生可能な家庭の一環としての再生可能エネルギー」（越さん）、「食べたいものは自分で作ればいい」（小野寺さん）、「作ることが喜び、使えることが幸せ」（栗田さん）と語りつつ、等身大の取り組みを自ら進める女性達。そこで見えてきたのは、元来複合的な農業経営、農家生活の中の多様な選択肢としてのエネルギー生産・利用でした。身近にあるさまざまな再生可能エネルギーを自分なりに活用し、同時にエネルギーを節約するという生き方が、再生可能エネルギーへの取り組みの基本なのだと思います。そもそも、農村は食料とエネルギーを地産地消してきたのです。

しかし、一方で、暮らしに根付いたエネルギーの活用は、農村においても薄れつつあることも事実です。

そのような中、本書でこれまで何度も登場してきたＮＰＯ法人「田舎のヒロインわくわくネットワーク」は２０１４年の総会で、理事が交代し、理事全員が40歳以下の農村女性になるなど一気に若返りました。法人名も「田舎のヒロインズ」に変更されました。新しく理事長に就任した熊本県の農業女性の大津愛梨さんが活動の柱の1つに掲げたのが再生可能エネルギーへの取り組みです。「農家が食べ物も風景もエネルギーも作る時代に向けた活動」が、新生「田舎のヒロインズ」のキーワードになっています。南阿蘇で米作りをする理事長の大津さん自身も、ＮＰＯ法人「九州バイオマスフォーラム」の理事として、10年以上にわたり、バイオマスについての知識の普及や阿蘇の景観を特徴づける草原の草の活用に取り組んできました。

新生田舎のヒロインズは、再生可能エネルギーへの取り組みの手始めとして、まず、各地域でエネルギーについての勉強会を開催しようとしています。その皮切りとして、２０１４年8月、ふくしまガールズフェスで、「ガールズエネルギーワークショップ」を開催しました。手作り太陽光発電のデモンストレーションなどを行い、まずは女性にエネルギーへの関心を持ってもらおうとしています。これまで農村の女性の中に蓄積されてきたエネルギーを自ら作り使う暮らし方が、新しい形で次の世代に伝えられていくことを期待しています。

【著者略歴】
榊田 みどり ［さかきだ みどり］ 2章、3章

〔略歴〕
農業ジャーナリスト・立教大学兼任講師。1960年、秋田県生まれ。
東京大学大学院総合文化研究科修士課程修了。学術修士
〔主要著書〕
『安ければ、それでいいのか?!』コモンズ（2001年）共著、『雪印100株運動』創森社（2004年）共著、『誰でも持っている一粒の種』武田ランダムハウスジャパン（2009年）共著

和泉 真理 ［いずみ まり］ 1章、4章、おわりに

〔略歴〕
一般社団法人JC総研客員研究員。1960年、東京都生まれ。
東北大学農学部卒業。英国オックスフォード大学修士課程修了。農林水産省勤務をへて現職。
〔主要著書〕
『食料消費の変動分析』農山漁村文化協会（2010年）共著、『農業の新人革命』農山漁村文化協会（2012年）共著、『英国の農業環境政策と生物多様性』筑波書房（2013年）共著。

岸 康彦 ［きし やすひこ］ 巻頭言

〔略歴〕
農業ジャーナリスト・日本農業経営大学校校長。1937年、岐阜県生まれ。
早稲田大学文学部卒業。日本経済新聞社、愛媛大学農学部、日本農業研究所をへて現職。
〔主要著書〕
『食と農の戦後史』日本経済新聞社（1997年）、『雪印100株運動』創森社（2004年）共著、『農に人あり志あり』創森社（2009年）編著。

JC総研ブックレット No.10

農村女性と
再生可能エネルギー

2015年1月15日　第1版第1刷発行

著　者 ◆ 榊田みどり・和泉 真理
監修者 ◆ 岸 康彦
発行人 ◆ 鶴見 治彦
発行所 ◆ 筑波書房
東京都新宿区神楽坂2-19 銀鈴会館 〒162-0825
☎ 03-3267-8599
郵便振替 00150-3-39715
http://www.tsukuba-shobo.co.jp

定価は表紙に表示してあります。
印刷・製本 = 平河工業社
ISBN978-4-8119-0458-0　C0036

「JC総研ブックレット」刊行のことば

筑波書房は、人類が遺した文化を、出版という活動を通して後世に伝え、人類がそれを享受することを願って活動しております。1979年4月の創立以来、このような信条のもとに食料、環境、生活など農業にかかわる書籍の出版に心がけて参りました。

20世紀は、戦争や恐慌など不幸な事態が繰り返されましたが、60億人を超える世界の人々のうち8億人以上が、飢餓の状況におかれていることも人類の課題となっています。筑波書房はこうした課題に正面から立ち向います。

グローバル化する現代社会は、強者と弱者の格差がいっそう拡大し、不平等をさらに広めています。食料、農業、そして地域の問題も容易に解決できないことが山積みです。そうした意味から弊社は、従来の農業書を中心としながらも、さらに生活文化の発展に欠かせない諸問題をブックレットというかたちで、わかりやすく、読者が手にとりやすい価格で刊行することと致しました。

この「JC総研ブックレットシリーズ」もその一環として、位置づけるものです。

課題解決をめざし、本シリーズが永きにわたり続くよう、読者、筆者、関係者のご理解とご支援を心からお願い申し上げます。

2014年2月

筑波書房

JC総研 ［JC そうけん］

JC（Japan-Cooperative の略）総研は、JA グループを中心に4つの研究機関が統合したシンクタンク（2013 年 4 月「社団法人 JC 総研」から「一般社団法人 JC 総研」へ移行）。JA 団体の他、漁協・森林組合・生協など協同組合が主要な構成員。

（URL：http://www.jc-so-ken.or.jp）